国家林业和草原局职业教育"十三五"规划教材

园林设计初步

YUANLIN SHEJI CHUBU

黄东兵　张　鑫◎主编

中国林业出版社
China Forestry Publishing House

内容简介

本教材是国家林业和草原局职业教育"十三五"规划教材,是依据高职高专园林类专业人才培养方案,按照"理实一体化""做中学、做中教"等高等职业教育教学理念编写的。

"园林设计初步"是高职高专园林类专业的一门重要的专业基础课程。本教材主要内容包括中外园林发展概况、园林设计表现技法、园林设计美学与园景创作手法、园林设计构成基础、园林组成要素设计和园林设计入门6个单元,旨在为学生提供一个进入园林设计领域的平台,帮助学生了解和掌握园林设计的基本原理和方法,为今后能在专业课中深入完整地表现出较高的设计思想打下坚实的基础。

本教材适用于高职高专园林技术、园林工程技术、风景园林设计等专业教学,也可作为园林行业培训教材及在职工自学用书。

图书在版编目(CIP)数据

园林设计初步 / 黄东兵,张鑫主编. —北京:中国林业出版社,2019.8 (2021.6重印)
ISBN 978-7-5219-0103-0

Ⅰ.①园… Ⅱ.①黄… ②张… Ⅲ.①园林设计—高等职业教育—教材 Ⅳ.①TU986.2

中国版本图书馆CIP数据核字(2019)第112217号

中国林业出版社·教育分社

策划编辑:吴卉 田苗 责任编辑:曾琬淋
电话:(010)83143630 传真:(010)83143516

数字资源

出版发行	中国林业出版社 (100009 北京市西城区刘海胡同7号)
	E-mail:jiaocaipublic@163.com
	电话:(010)83143500
	http://www.forestry.gov.cn/lycb.html
经　销	新华书店
印　刷	北京中科印刷有限公司
版　次	2019年8月第1版
印　次	2021年6月第2次
开　本	787mm×1092mm　1/16
印　张	17.5
字　数	365千字
定　价	78.00元

未经许可,不得以任何方式复制或抄袭本书之部分或全部内容。

版权所有　侵权必究

前　言

在人类的历史发展过程中，美丽的环境是人们时刻都在追求的目标。初期的园林主要是植物与建筑物的结合，园林造型比较简单，建筑物是主体，园林仅充当建筑物的附属品。随着社会的发展，园林逐渐摆脱建筑的束缚，园林的范围也不仅局限于庭园、庄园、别墅等单个相对独立的空间范围，而是扩大到城市环境、风景区、保护区、大地景观等区域，涉及人类的各种生存空间。总体来说，建造园林的目的是在一定的地域，运用工程技术和艺术手段，通过整地、理水、植物栽植和建筑布置等途径，创造出一个供人们观赏、游憩的美丽环境。某些非凡的艺术，如插花、盆景等，因其创作素材和经营手法相同，都可归于园林艺术的范畴。当今的园林形式丰富多彩，园林技术日趋提高，几千年的实践证实，具有长久生命力的园林应该是与社会的生产方式、生活方式有着密切的联系，与科学技术水平、文化艺术特征、历史、地理等密切相关的，它反映了时代与社会的需求、技术发展和审美价值的取向。

"园林设计初步"是高职高专园林类专业的一门重要的专业基础课程。本教材是依据高职高专园林类专业人才培养方案，按照"理实一体化""做中学、做中教"等高等职业教育教学理念编写的。在内容上将高职高专园林类专业人才所应具备的园林史、园林设计表现技法、园林绿地布局与园景创作手法、园林设计原理等知识与技能训练进行了整合，不过多强调知识的深度与广度，同时注意吸纳园林研究取得的一些新观点、新成果，旨在为学生提供一个进入园林设计领域的平台，帮助学生了解和掌握园林设计的基本原理和方法，为今后能在专业课中深入完整地表现出较高的设计思想打下坚实的基础。全书力求语言精练、图文并茂、通俗易懂。

本教材有以下主要特点：

（1）理念正确——以就业为导向，以学生为主体，着眼于学生职业生涯发展，注重职业素养的培育。在知识内容的取舍上，着重讲述园林设计初步必须用到的或与其有关联的知识；在能力培养的选择上，着重基本设计技能的综合训练，注重做中学、做中教，教、学、做合一，理论与实践一体化，为学生今后能在专业课中深入完整地表现出较高的设计思想打下坚实的基础。

（2）内容贴切——按照岗位需求、课程目标选择教学内容，体现"四新"、必需和够用原则，对接行业标准，易学、易懂，与园林设计紧密关联，充分体现新知识、新技术、新工艺和新方法。

（3）结构合理——反映工作逻辑，载体选择适当，内容编排合理，适合高职高专学生认知。本书由6个相对独立的单元构成，每个单元包括：知识目标、技能目标、理论知识、实践教学、小结、自主学习资源库、自测题等，根据学生的知识程度，深入浅出，让学生理解为什么这么做。

（4）形式丰富，新颖多样，交互性强，内容表现科学规范——在结构体系、语言文字、版式设计等方面进行了求新、求实、求活的探索，力求既有利于教师教学，又有助于提高学生的阅读兴趣和能力，引导学生主动思考、深入理解和准确把握所学内容。图、文、声、像并茂，配合得当，形象生动，趣味性强，直观鲜明，立体化呈现。

（5）队伍精干——本教材编写人员在资历搭配、年龄结构等方面构成合理。第一主编黄东兵为广东省职业教育教学名师，具有较丰富的教学经验和园林设计实践经验。编写团队由广东生态工程职业学院、安徽林业职业技术学院、广西生态工程职业技术学院、福建林业职业技术学院、河南林业职业学院、江西环境工程职业学院、惠州工程职业学院等高职院校的园林专业骨干教师及广东创宇园林股份有限公司、惠州市东方园林工程有限公司等企业的高级工程师组成。

（6）适用面广——本教材适用于高职高专园林类专业教学，也可作为园林行业培训教材及在职工自学用书。

本教材由广东生态工程职业学院黄东兵担任第一主编（编写单元1、5.4、6.1），安徽林业职业技术学院张鑫担任第二主编（编写6.2），第一副主编为广东生态工程职业学院吴碧珊（编写2.3、单元3），第二副主编为广西生态工程职业技术学院姚月华（编写5.1、5.2、5.3）。参加编写的还有福建林业职业技术学院邱雯（编写2.1、2.2）、河南林业职业学院马丹丹（编写4.1，单元4中的自测题、小结）、广东生态工程职业学院薛菊（编写4.2、4.3）、江西环境工程职业学院吴忠荟（编写单元5中的自测题、小结）、惠州工程职业学院林秀莲（负责单元2和单元6中的自测题、小结及全书PPT汇总整理），以及广东创宇园林股份有限公司唐震源和惠州市东方园林工程有限公司张桂明（参与编写部分单元中的实践教学）。全书由黄东兵、吴碧珊负责统稿。

在编写过程中，参考了国内外有关著作、论文及一些公司的园林设计作品，在此特向这些文献的原作者表示诚挚的谢意！

由于水平所限，不当之处在所难免，诚请读者不吝赐教，以便修正！

编　者

2019年5月

目 录

前言

单元 1　中外园林发展概况 ········· 001
- 1.1　中国园林发展概况 ········· 002
  - 1.1.1　中国古代园林 ········· 002
  - 1.1.2　中国近代园林（变革期）········· 014
  - 1.1.3　中国现代园林（新兴期）········· 015
- 1.2　外国园林发展概况 ········· 020
  - 1.2.1　外国古代园林 ········· 020
  - 1.2.2　外国近、现代园林 ········· 027

单元 2　园林设计表现技法 ········· 031
- 2.1　线条表现技法 ········· 032
  - 2.1.1　线条表现常用工具 ········· 032
  - 2.1.2　制图规范 ········· 033
  - 2.1.3　尺规线条图 ········· 039
  - 2.1.4　钢笔徒手画 ········· 040
- 2.2　计算机绘图 ········· 046
  - 2.2.1　常用的计算机绘图软件 ········· 046
  - 2.2.2　计算机绘图在园林设计中的作用 ········· 050
- 2.3　园林模型 ········· 052
  - 2.3.1　园林模型的制作工具与材料 ········· 053
  - 2.3.2　园林模型制作 ········· 058

单元 3　园林设计美学与园景创作手法 ········· 069
- 3.1　园林设计美学 ········· 070
  - 3.1.1　园林美的概念 ········· 070

  3.1.2 园林美的特征 ·· 075
  3.1.3 园林的形式美法则 ·· 078
 3.2 园景创作手法 ··· 089
  3.2.1 园林绿地的布局形式 ·· 089
  3.2.2 园林造景手法 ·· 095

单元 4 园林设计构成基础 ··· 103
 4.1 平面构成 ··· 104
  4.1.1 平面构成的基本要素 ·· 104
  4.1.2 平面构成的形成规律 ·· 113
  4.1.3 平面构成的基本形式 ·· 115
 4.2 立体构成 ··· 123
  4.2.1 立体构成的形态元素 ·· 124
  4.2.2 立体形态感觉 ·· 129
  4.2.3 立体形态形成的基本手法 ·· 131
  4.2.4 立体构成的表现形式 ·· 134
 4.3 色彩构成 ··· 138
  4.3.1 色彩的属性 ·· 138
  4.3.2 色彩的作用 ·· 140
  4.3.3 色彩构成在园林中的运用 ·· 141

单元 5 园林组成要素设计 ··· 145
 5.1 园林地形、假山及水体设计 ··· 146
  5.1.1 园林地形设计 ·· 146
  5.1.2 园林假山设计 ·· 151
  5.1.3 园林水体设计 ·· 158
 5.2 园林（硬质）铺装路面设计 ··· 169
  5.2.1 园林铺装的表现要素 ·· 170
  5.2.2 园林铺装的功能 ·· 179
  5.2.3 园林铺装的类型 ·· 180
  5.2.4 园林铺装设计的原则 ·· 185

5.3 园林建筑与小品设计 ………………………………………………… 189
　　5.3.1 园林建筑的功能与特点 …………………………………………… 189
　　5.3.2 园林建筑的类型 …………………………………………………… 190
　　5.3.3 园林主要建筑的平面形式与位置选择 …………………………… 191
　　5.3.4 服务性建筑设计 …………………………………………………… 202
　　5.3.5 园林建筑小品设计 ………………………………………………… 203
5.4 园林植物设计 …………………………………………………………… 207
　　5.4.1 园林植物的类型 …………………………………………………… 208
　　5.4.2 园林植物在园林设计中的功能作用 ……………………………… 211
　　5.4.3 园林植物配置设计的原则 ………………………………………… 215
　　5.4.4 各类园林植物的配置设计 ………………………………………… 218
　　5.4.5 园林植物与环境、设施的配合要点 ……………………………… 236

单元 6　园林设计入门 ………………………………………………… 247

6.1 认识园林设计 …………………………………………………………… 248
　　6.1.1 园林设计的要求 …………………………………………………… 248
　　6.1.2 园林设计的流程与内容 …………………………………………… 249
6.2 园林设计方案构思 ……………………………………………………… 257
　　6.2.1 园林设计的构思 …………………………………………………… 257
　　6.2.2 建筑设计的构思 …………………………………………………… 258
　　6.2.3 方案构思中应注意的问题 ………………………………………… 259
　　6.2.4 方案构思案例分析 ………………………………………………… 260

参考文献 ………………………………………………………………… 271

单元 1

中外园林发展概况

【知识目标】

（1）了解中国园林发展的历史阶段与类型特征。

（2）了解外国园林发展的历史阶段与类型特征。

【技能目标】

（1）能熟练运用所学知识分析中国古典园林与现代园林的异同。

（2）能熟练运用所学知识分析外国古典园林的类型特征。

（3）能分析比较中外园林在艺术风格上的差异及形成原因。

园林是人类社会发展到一定阶段的产物。由于文化传统的差异，东、西方园林发展的进程不同。东方园林以中国园林为代表，中国园林已有数千年的发展历史，有优秀的造园艺术传统及造园文化传统，被誉为"世界园林之母"。中国园林从崇尚自然的思想出发，发展形成了以山水园林为骨架的自然式园林；西方古典园林以意大利台地园和法国园林为代表，把园林看作是建筑的附属和延伸，强调轴线、对称，发展形成了具有几何图案美的规则式园林。到了近、现代，东西方文化交流增多，园林风格互相融合渗透，又形成了混合式园林和自由式园林。

1.1　中国园林发展概况

我国是世界园林艺术起源较早的国家之一。我国的园林艺术，如果从殷、周时代囿的出现算起，至今已有 3000 多年的历史，并具有极其高超的艺术水平和独特的民族风格，遵循"虽由人作，宛自天开"的艺术原则，融传统建筑、文学、书画、雕刻和工艺等艺术于一体，在世界园林史上独树一帜，占有极重要的位置。

1.1.1　中国古代园林

1.1.1.1　萌芽期

时代：商、周、春秋战国。

园林代表形式：自然风景苑囿。

园林特点：除少量人工建筑外，大部分为朴素的天然景致。

（1）商、周时期的囿

在原始社会，人们以洞穴为庇护居地，过着"焚林而猎，竭泽而渔""不耕不稼"的渔猎生活，显然没有营造园林的可能。到了奴隶社会，社会经济日益发展，有了剩余物质，产生了阶级。由于奴隶主财富的不断积累，刺激了他们要过奢侈享乐的生活，当时又有较高的土木工程技术和可供驱使的劳动力，奴隶主为满足享受的需要而开始营造以游憩为目的的园林。

中国园林的兴建是从商殷时期开始的，当时商朝国势强大，经济发展也较快。文化上，甲骨文是商代巨大的成就，文字以象形为主。在甲骨文中就有了园、囿、圃等字，而从园、囿、圃中的活动内容可以看出，囿最具有园林的性质。在商代，帝王、奴隶主狩猎游乐盛行。《史记》中记载了银洲王"益广沙丘苑台，多取野兽蛮鸟置其中……乐戏于沙丘"。囿不只供狩猎，同时也是欣赏自然界动物活动的一种审美场所。因此，中国园林萌芽于殷周时期，最初的形式"囿"，是将一定的地域加以范围或筑界垣，让天然的草木和鸟兽滋生繁育，并挖池筑台，供帝王们狩猎和游乐的场所。通常在选定地域后划出范围或筑界垣。狩猎既是游乐活动，也是一种军事训练方式。在囿中有自然景象、天然植被和鸟兽的活动，赏心悦目，在其中可以得到美的享受。

有文字记载的最早的囿是周文王的灵囿（约公元前11世纪，图1-1）。《诗经·大雅》灵台篇记有灵囿的经营以及对囿的描述，如"王在灵囿，麀鹿攸伏。麀鹿濯濯，白鸟翯翯。王在灵沼，於牣鱼跃"。灵囿除了筑台掘沼为人工设施外，全为自然景物。毛苌注云："囿，所以域养禽兽也。天子百里，诸侯四十里。灵者，言文王之有灵德也。灵囿，言道行苑囿也。"《孟子·梁惠王下》曰："文王之囿，方七十里，刍荛者往焉，雉兔者往焉，与民同其利，民以为小也。"从灵囿的规模与布局、命名中可见，当时已重视改造自然，并赋予景物以主观情意。周文王灵囿以其独有的文化载体，成为中国传统思想、格局、特色的典范。

a. 想象图　　　　　　　　　　　　b. 遗址

图1-1　文王之囿

（2）春秋战国时期的宫室建筑

到了春秋战国时期，周王势力逐渐衰弱，各诸侯国相互兼并，战乱频仍，国事纷繁。出现了思想领域"百家争鸣"的局面，其中主要有儒、道、墨、法、杂家等。绘画艺术也有相当的发展，开拓了人们的思想领域。同时在冶炼钢铁、砖瓦建筑方面有了很大的进步和发展。这在客观上为社会统治阶层奢侈淫逸提供了一定的物质条件，因此，当时从国君到诸侯都大兴离宫别院、营建宫室。例如，吴王夫差筑姑苏台，并"于宫中作海灵馆、馆娃阁，铜构玉槛，宫之楹槛，珠玉饰之"，足以说明当时的宫室建筑规模宏大、富丽堂皇。据记载，吴王夫差还曾造梧桐园、会景园，有"穿岩凿池，构亭营桥，所植花木，类多茶与海棠"之举，这与当时宫廷建筑相比，已另辟蹊径。可以看到，以自然山水为园林主题的萌芽在春秋战国时期已经出现。

春秋战国时期的神仙思想最为流行，其中以东海仙山和昆仑山最为神奇，流传也最广。东海仙山的神话内容比较丰富，对园林的影响也比较大，于是模拟东海仙境成为后世帝王苑囿的主要内容。

章华台（图1-2）和姑苏台（图1-3）是春秋战国时期贵族园林的两个重要实例。它们的选址和建筑经营都利用了大自然山水环境的优势，并发挥其成景的作用。园林里面的建筑物类型比较多，包括台、宫、馆、阁等，以满足游赏、娱乐、居住乃至朝会等多方面的功能需要。章华台所在的云梦泽也是楚王的田猎区，因而园内很可能有动物圈养。园林里面人工开凿水体，既满足了交通或供水的需要，同时也提供水上游乐的场所，创设了因水成景的条件——理水。姑苏台有九曲路拾级而上，登上巍巍高台可饱览方圆二百里*范围内湖光山色和田园风光，其景冠绝江南，闻名于天下。高台四周栽上四季之花、八节之

a. 计算机还原图

b. 遗址

图1-2　章华台

图1-3　姑苏台

---

* 战国时期1里=406.8m。

果,横亘五里,还建了灵馆、挖天池、开河、造龙舟、围猎物,供吴王逍遥享乐。这两座著名的贵族园林代表着囿与台的进一步发展与结合,为形成期的秦汉宫苑的雏形。

1.1.1.2　形成期

时代:秦、汉。

园林代表形式:自然山水园(萌芽)。

园林特点:有了大量建筑山水相结合的布局。

(1)秦代的建筑宫苑

秦始皇统一中国后,建立了中央集权的秦王朝封建帝国,开始以空前的规模兴建离宫别苑。这些宫室营建活动中也有园林建设,如"引渭水为池,筑为蓬、瀛"。据记载,秦代较著名的建筑宫苑有信宫(咸阳宫)和阿房宫。信宫占地"东西八百里,南北四百里",阿房宫(图1-4)"覆压三百余里,隔离天日……长桥卧波,未云何龙,复道行空,不霁何虹"。两宫规模之宏大、气魄之雄壮是难以想象的。这庞大繁复而气势恢宏的工程表明,当时的建筑与造园家对于自然风景的艺术加工已经有了一定的经验与见解——控制自然气势,进行重点加工,赋予自然风景以明确的主题思想,这成为中国园林发展过程中的一座里程碑,对后世宫苑建筑影响很大。

a. 大门　　　　　　　　　　　b. 大殿全景

图1-4　修复后的阿房宫

(2)汉代的建筑宫苑

汉代,在囿的基础上发展出新的园林形式——苑,其中分布着宫室建筑,所以又称为宫苑。苑中养百兽,供帝王射猎取乐,保存了囿的传统。苑中有宫、有观,成为以建筑组群为主体的建筑宫苑。

汉代最著名的建筑宫苑是上林苑。上林苑是汉武帝刘彻于建元二年(公元前138年)在秦代的一个旧苑址上扩建而成的宫苑,规模宏伟,宫室众多,有多种功能和游乐内容。上林苑地跨5县，中有三十六苑、十二宫、三十五观。三十六苑中有供游憩的宜春苑，供御人住宿的御宿苑，为太子设置招宾客的思贤苑、博望苑等。上林苑中有大型宫城建章宫，还有一些各有用途的宫、观建筑，如：演奏音乐和唱曲的宣曲宫；观看赛狗、赛马和观赏鱼鸟的犬台宫、走狗观、走马观、鱼鸟观；饲养和观赏大象、白鹿的象观、白鹿观；引种西域葡萄的葡萄宫和养南方奇花异木如菖蒲、山姜、桂花、龙眼、荔枝、槟榔、橄榄、柑橘之类的扶荔宫；角抵表演场所平乐观；养蚕的茧观等。

上林苑中还有许多池沼，据《三辅故事》记载："昆明池三百二十五顷，池中有豫章台及石鲸，刻石为鲸鱼，长三丈。"又载："昆明池中有龙首船，常令宫女泛舟池中，张凤盖，建华旗，作濯歌，杂以鼓吹。"在池的东、西两岸立牵牛、织女的石像。上林苑中不仅有丰富的天然植被，初修时群臣还从远方各献名果异树2000余种。

上林苑既有优美的自然景物，又有华美的宫室组群分布其中，是包罗多种多样生活内容的园林总体，是秦汉时期建筑宫苑的典型。

建章宫（图1-5）是汉武帝刘彻于太初元年（公元前104年）建造的宫苑。《三辅黄图》记载："周二十余里，千门万户，在未央宫西、长安城外。"武帝为了往来方便，跨城筑有飞阁辇道，可从未央宫直至建章宫。建章宫建筑组群的外围筑有城垣。

a. 想象图

b. 修复后的建章宫

图1-5　建章宫

就建章宫的布局来看，从正门圆阙、玉堂、建章前殿和天梁宫形成一条中轴线，其他宫室分布在左右，全部围以阁道。宫城内北部为太液池，《史记·孝武本纪》记载："其北治大池，渐台高二十余丈，名曰太液池，中有蓬莱、方丈、瀛洲、壶梁像海中神山，龟鱼之属。"太液池是一个相当宽广的人工湖，因池中筑有三神山而著称。这种"一池三山"的布局对后世园林有深远影响，并成为创作池山的一种模式。

太液池三神山源于神仙传说，三神山浮于大海般巨浸的悠悠烟水之上，水光山色，相映成趣，岸边满布水生植物，平沙上禽鸟成群，生意盎然，开创了后世自然山水宫苑的先河。

1.1.1.3 转折期

时代：魏、晋、南北朝。

园林代表形式：自然山水园（写实）。

园林特点：变宫廷建筑为以山水作主题的园林营造，建筑因景而设，风格上达到了妙极自然的境域。

魏、晋、南北朝时期属于中国古代园林史上的转折期。这一时期是历史上的一个大动乱时期，是思想、文化、艺术上有重大变化的时代。这些变化引起园林创作的变革。西晋时已出现山水诗和游记。当时，对自然景物的描绘，只是用山水形式来谈玄论道。到了东晋，例如，在陶渊明的笔下，对自然景物的描绘已被用来抒发内心的情感和志趣。反映在园林创作中，则追求再现山水，犹若自然。南朝地处江南，由于气候温和、风景优美，山水园别具一格。这个时期的园林穿池构山而有山有水，结合地形进行植物造景，因景而设园林建筑。北朝对于植物、建筑的布局也发生了变化。如北魏骠骑将军茹皓负责改建和修复华林园（图1-6），"经构楼馆，列于上下。树草栽木，颇有野致"。从这些例子可以看出南北朝时期园林形式和内容的转变。园林形式由粗略的模仿真山真水转变为用写实手法再现山水；园林植物由欣赏奇花异木转变为种草栽树，追求野致；园林建筑不再徘徊连属，而是结合山水，列于上下，点缀成景。南北朝时期园林是山水、植物和建筑相互结合组成山水园，这时期的园林可称为自然（主义）山水园。

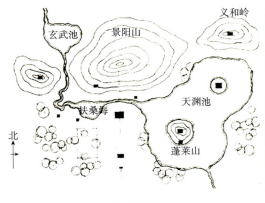

a. 平面设想图

b. 效果想象图

图1-6　北魏洛阳华林园

这一时期佛寺丛林和游览胜地开始出现。南北朝时佛教兴盛，广建佛寺。佛寺建筑采用宫殿形式，宏伟壮丽并附有庭园。尤其是不少贵族官僚以舍宅为寺，原有宅院成为寺庙的园林部分，正所谓"南朝四百八十寺，多少楼台烟雨中"。很多寺庙建于郊外或选山水胜地进行营建，这些寺庙不仅是信徒朝拜进香的胜地，而且逐步成为风景游览的名胜区。此外，一些风景优美的名胜区，逐渐有了山居、别业、庄园和聚徒讲学的精舍。这样，自然风景中就渗入了人文景观，逐步发展成为今天具有中国特色的风景名胜区。

1.1.1.4 成熟期

时代：隋、唐、宋。

园林代表形式：写意山水园（萌芽）。

园林特点：本于自然而又高于自然，将诗情画意融入景中，赋予实体。

中国园林在隋、唐时期达到成熟，这个时期的园林主要有隋代山水建筑宫苑、唐代宫苑和游乐地、唐代自然园林式别业山居、唐宋写意山水园、北宋山水宫苑。

（1）隋代山水建筑宫苑

隋炀帝杨广即位后，在东都洛阳大力营建宫殿苑囿。别苑中以西苑最为著名，西苑的风格明显受到南北朝自然山水园的影响，采取了以湖、渠水系为主体，将宫苑建筑融于山水之中。这是中国园林从建筑宫苑演变到山水建筑宫苑的转折点。

隋西苑是隋炀帝杨广的宫苑之一，又称会通苑，建于隋大业元年（公元605年）。据记载，隋西苑位于隋东都洛阳宫城以西，北背邙山，东北隅与东周王城为界，"周一百二十里"。苑中造山为海，"周十余里"；海内有蓬莱、方丈、瀛洲诸山，"高百余尺"，台观殿阁，分布在山上。山上建筑装有机械，能升能降，忽起忽灭。海北有龙鳞渠，渠面宽二十步，屈曲周绕后入海。沿渠造十六院，是十六组建筑庭园，供嫔妃居住。每园临渠开门，在渠上架飞桥相通。各庭园都栽植杨柳、修竹及名花异草，秋冬则剪彩缀绫装饰，穷奢极侈。院内还有亭子、鱼池和饲养家畜、种植瓜果蔬菜的园圃。十六院之外，还有数十处游览观赏的景点，如曲水池、曲水殿、冷泉宫、青城宫、凌波宫、积翠宫、显仁宫等，以及大片山林。可泛轻舟画舸，作采菱之歌，或登飞桥阁道，奏游春之曲。

隋西苑的布局继承了汉代"一池三山"的形式，反映了王权与神权的统治以及享乐主义思想，具有浓厚的象征色彩。十六组建筑庭园分布在山水环绕的环境之中，成为苑中之园，不像汉代宫苑那样以周阁复道相连。这是从秦汉建筑宫苑转变为山水宫苑的一个转折点，开创了北宋山水宫苑——艮岳之先河。山上的建筑时隐时现，反映出了建筑技巧的提高。

（2）唐代宫苑和游乐地

唐朝国力强盛，长安城宫苑壮丽。大明宫原是太极宫后苑，靠近龙首山，较太极宫地势为高（图1-7）。龙首山在渭水之滨折向东，山头"高二十丈"，山尾部"高六七十丈"。北有太液池，池中蓬莱山独踞，池周建回廊400多间。兴庆宫以龙池为中心，周围有多组院落。大内三苑以西苑最为优美，苑中有假山，有湖池，渠流连环。

a. 复原效果图　　　　　　　　　　　　　　b. 修建场景复原图

图 1-7　大明宫

唐代自然园林式别业山居：盛唐时期，中国山水画已有很大发展，出现了寄兴写情的画风。园林方面也开始有体现山水之情的创作。盛唐诗人、画家王维在蓝田县自然风景胜区，利用自然景物，略施建筑点缀，经营了辋川别业，形成既富有自然之趣又有诗情画意的自然园林。中唐诗人白居易游庐山，见香炉峰下云山泉石胜绝，因置草堂，建筑朴素，不施朱漆粉刷。草堂旁，春有绣谷花（杜鹃花），夏有石门云，秋有虎溪月，冬有炉峰雪，四时佳景，收之不尽。这些园林创作反映了唐代自然式别业山居是在充分认识自然美的基础上，运用艺术和技术手段来造景、借景而构成的优美园林境域。

唐宋写意山水园：从北宋文学家李格非（宋代爱国女词人李清照之父）于绍圣二年（公元 1095 年）撰成的《洛阳名园记》（图 1-8）一书中可知，唐宋宅园大都是在面积不大的宅旁地里，因高就低，掇山理水，表现山壑溪流之胜。点景起亭，揽胜筑台，茂林蔽天，繁花覆地，小桥流水，曲径通幽，巧得自然之趣。这种根据造园者对山水的艺术认识和生活需求，因地制宜地表现山水真情和诗情画意的园，称为写意山水园。

（3）北宋山水宫苑

北宋时建筑技术和绘画都有了发展，出版了《营造法式》，兴起了界画。宋徽宗赵佶先后修建的诸宫都有苑囿。政和七年（公元 1117 年）始筑万岁山，后更名艮岳（图 1-9）、寿岳，或连称寿山艮岳，宣和四年（公元 1122 年）竣工，亦号华阳宫。公元 1127 年金人攻陷汴京后被拆毁。宋徽宗赵佶亲自写有《御制艮岳记》，"艮"为地处宫城东北隅之意。艮岳位于汴京（今河南开封）景龙门内以东，封丘门（安远门）内以西，东华门内以北，景龙江以南，面积约为 750 亩*。苑中叠石、掇山的技巧，以及对于山石的审美趣味都有提高。苑中奇花异石取自南方民间，运输花石的船队称为"花石纲"。艮岳主山为寿山，岗连阜属，西延为平夷之岭；有瀑布、溪涧、池沼形成的水系。艮岳是中国宋代的著名宫苑，突破秦汉以来宫苑"一池三山"的规范，把诗情画意移入园林，以典型、

---

* 1 亩 =667m^2。

图 1-8　洛阳名园记

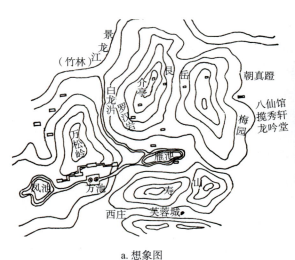

a. 想象图

b. 遗石

图 1-9　艮岳

概括的山水创作为主题，是中国园林史上的一大转折。在这样一个山水兼胜的境域中，树木花草群植成景，亭台楼阁因势布列。这种全景式地表现山水、植物和建筑之胜的园林，称为山水宫苑。

1.1.1.5　高潮期

时代：元、明、清（鸦片战争前）。

园林代表形式：写意山水园（成熟）。

园林特点：继承和发展了以往写意山水园的特点，使中国古典园林艺术达到了最高境界。具体特点可以归纳为以下6个方面：

效法自然的布局：从总体布局来看，中国园林是以山水为骨干构成的自然山水园。在以山水为骨干的基础上，随着形式的发展和生活内容的要求，因地制宜地布置亭台楼阁、树木花草，互相协调地构成切合自然的生活境域，"虽由人作，宛自天开"，并达到"妙极自然"的艺术效果。

诗情画意的构思：中国园林与诗词、书画密切相关，注重意境的创造。园林中的"景"不是单纯地模仿自然，而是高于自然，天人合一，将自然山水景物经过艺术的提炼加工，蕴诗情画意于其中，增加园林的"书卷气"，赋予园林以人的文化素养，呈现出其历史足迹。从而将景象升华到精神的高度，启迪游人丰富的想象力，使园林意境得到更进一步的开拓。

小中见大的手法：中国园林的创作手法很多，如"小中见大""园中有园"等造园手法，使得在较大的园林中出现园中有园、景外有景，营造出一个个景区和空间，各具特色；在较小的园中，布景层次分明，小径幽回，亭台楼阁错落有致，一草一木各领风骚，一石一山各持灵气，其精巧之安排，扩大了小园的容量，拓宽了小园的空间，使游人大有"身在小园中，神驰满天下"之感，充分展现了小园的艺术魅力。

建筑为主的组景：中国园林中建筑所占比重较大，在一个园林中多为主景或起控制作用，是全园的艺术构图中心，往往成为该园的标志。

因地制宜的处理：中国的地形地貌较为复杂，但中国园林善于随势生机，使造园立意在不同的环境条件下，因地制宜地体现出优美的意境，因此，中国园林在其发展过程中，因自然地理等因素的差异，逐步形成了不同风格的园林形式，如北方园林、江南园林、岭南园林等。

系统完善的文献：元、明、清时期造园理论也有了重大发展，其中具有代表性的造园著作就是明末计成的《园冶》。书中提到了"虽由人作，宛自天开""相地合宜，造园得体"等主张和造园手法，为我国造园艺术提供了珍贵的理论基础。

皇家园林与私家园林是中国古代造园史上并行不悖的两大体系，明、清两代皇家园林和私家园林均有了空前发展，斯物尚存，南北竞秀，是中国古典园林发展的结晶。

（1）皇家园林

元、明、清三代都建都北京，宫苑都为艺术水平很高的山水宫苑。该时期以北京为造园中心，向全国普及，是我国古代造园发展的鼎盛时期。清朝乾隆皇帝曾六下江南，浏览风景名园，见到佳处便绘图仿建于北京、热河等宫苑内。明清时代园林规模之大、分布之广、艺术手法之高超、构筑之华美，是历代所不可比拟的。北京的颐和园、圆明园和承德避暑山庄等是当时皇家园林的代表。

颐和园（图1-10）在明朝时称为瓮山，水面称为瓮山泊，当时已成为初具规模的风景区。清初开始大加修建，改称清漪园，乾隆皇帝为祝母寿辰而修建了报恩延寿寺，瓮山取名为万寿山，又将湖身深浚，湖面扩大而成为现在的昆明湖。清漪园在慈禧时重修之后，易名为颐和园。

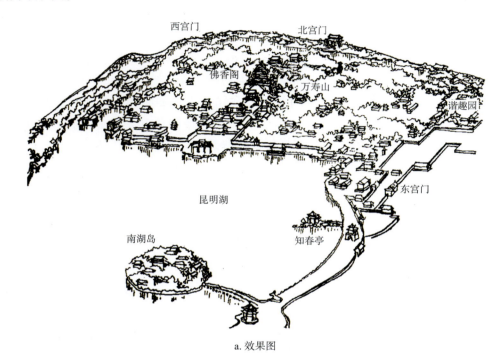

a. 效果图

b. 游览线路及景点图

图 1-10　颐和园

颐和园从总体上可分为宫区、山区、湖区，总面积超过 280 hm^2，水面与陆地之比为 3∶1。陆地中平原多被宫区建筑群占用，在宫区内，满布宏伟壮丽的宫殿群；在山区，则依据地势起伏，把作为点景需要的建筑物布列于上下山阜之中，但在山前也形成了明显的中轴线，从排云门、排云殿、佛香阁到众香界，层层升高，而以佛香阁作为主体建筑控制全园风景点。背有顶峰众香界，前有山麓下的排云殿和昆明湖，左有转轮藏以东诸景点，右有宝云阁以西诸景点，山下滨湖地段一条 700 m 长的游廊犹如一道彩虹横贯东西，连接着各个景点。在湖区，湖中长堤亭桥，绿岸柳树，时隐时露，特别是南湖岛和涵虚堂，像一艘画舫停泊在十七孔桥头，与万寿山遥遥相对，湖光山色，美妙绝伦。颐和园景观更可取的是，将西山层层峰峦和玉泉山宝塔的远景借入园内，映衬得颐和园更加秀丽多姿。

颐和园善用原有山水，继承了历代宫苑的特色并加以创造，构成自然山水与人工山水融合一体的山水宫苑。左宫右苑，三山一池，苑中有园，宫殿取于规则，苑园取于自然，各景点依山而筑、依水而设。万寿山、南湖岛和玉泉山象征蓬莱、瀛洲和方丈，昆明湖象征太液池，以应东海仙境之说。更在东岸设铜牛，西岸立织女，佛香阁居高穿云，借以象征天汉。它是帝、后们居住、游玩和处理政务的一座多功能的古代皇家宫苑，是中国山水宫苑的典范。

（2）私家园林

元、明、清时代的私家园林在前代的基础上有了很大的发展，主要集中在北京和江南一带，尤以江南的苏州为最多。苏州园林可谓荟萃了江南私家园林的精华，有"苏州园林甲天下"之美称。至今保存完好的苏州私家园林很多，如拙政园、留园、沧浪亭、网师园等。

拙政园（图1-11）是江南园林的代表，是苏州四大古名园之一，也是苏州园林中面积最大、最著名的一座古典山水园林，被列入《世界文化遗产名录》，堪称中国私家园林经典。拙政园始建于明朝正德年间，今园辖地面积约 83.5 亩，开放面积约 73 亩，其中园林中部、西部及晚清张之万住宅（今苏州园林博物馆旧馆）为晚清建筑园林遗产，约 38 亩。拙政园与北京颐和园、承德避暑山庄、苏州留园一起被誉为中国四大名园，1997 年被联合国教科文组织（UNESCO）列为世界文化遗产。

拙政园占地面积 52 000 m^2，又分为东园、西园、中园 3 个部分。东园山池相间，点缀有秋香馆、兰雪堂等建筑。西园水面迂回，布局紧凑，依山傍水建以亭阁，其中主体建筑鸳鸯厅是当时园主人宴请宾客和听曲的场所，厅内陈设考究。中园是拙政园的精华部分，其总体布局以水池为中心，亭台楼榭皆临水而建，有的亭榭则直出水中，具有江南水乡的特色。主体建筑远香堂位于水池南岸，隔池与主景东、西两山岛相望，池水清澈广阔，遍植荷花，山岛上林荫匝地，水岸藤萝纷披，两山溪谷间架有小桥。山岛上各建一亭，西为雪香云蔚亭，东为待霜亭，四季景色因时而异。远香堂之西的倚玉轩与其西面船舫形的"香洲"遥遥相对，两者与其北面的荷风四面亭呈三足鼎立之势，都可随势赏荷。

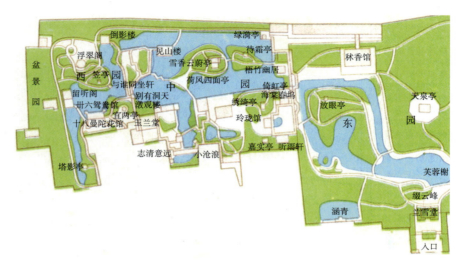

a. 平面布置图

b. 大门

c. 荷风四面亭

d. 与谁同坐轩

图 1-11　拙政园

1.1.2　中国近代园林（变革期）

时代：从鸦片战争到中华人民共和国成立之前。

园林代表形式：公园。

园林特点：这一时期在公园和单位专用性园林的兴建上开始有所突破，在引入西洋风格上有所突破，在古典园林向市民开放方面开始迈出第一步，是中国园林发展史上一个关键性的转型时期。

这个时期，中国园林发生的变化是空前的，园林为公众服务的思想以及把园林作为一门科学的思想得到了发展。这一时期，帝国主义国家利用不平等条约在中国建立租界，他们用掠夺的中国人民的财富在租界建造公园，并长期不准中国人进入。随着资产阶级民主思想在中国的传播，清朝末年，出现了首批中国自建的公园。辛亥革命后，北京的颐和园、北海公园（图 1-12）等皇家园囿和坛庙陆续开放为公园，供公众参观。许多城市也陆

a. 大门

b. 五龙亭

c. 静心斋

d. 白塔

图 1-12　北海公园

续兴建公园，如广州的中央公园、重庆的中央公园、南京的中山陵等。到抗日战争前夕，在全国已经建有数百座公园。从抗日战争爆发直至中华人民共和国成立，各地的园林建设基本上处于停滞状态。

1.1.3　中国现代园林（新兴期）

时代：中华人民共和国成立至今。

园林代表形式：公共园林。

园林特点：园林绿地系统化、网络化，公共园林蓬勃发展，园林风格多元化，"古为今用""洋为中用"，走上了雅俗共赏之路。

中国公共园林出现较晚，自清末才开始有几处所谓的公园，也仅限于租界地中，为外国人所有。中华人民共和国成立以来，我国现代园林事业的建设发展很快，一改过去的私园性质以及像清末的上海外滩公园及广州中央公园等为统治者和富人阶层服务的那种"公共性质"的园林状况，使现代园林真正走上了为广大人民服务的轨道。经过园林工作者

50多年的努力，全国各地不仅恢复、整修了1949年前留下的近代公园和一些历史园林，而且还新建了大量的现代城镇园林绿地，如综合性公园、花园、动植物园、儿童公园、休憩林荫带等，规模之广、形式之多、成效之大，是历代所不及的。一些大、中城市，如北京、上海、合肥、大连、西安等地，还建设了公园绿地网，使公园在城市的绿地系统布局中有了比较合理均匀的分布。

我国现代园林的发展进程，可大致分为5个阶段。

修复改造阶段（1949—1952年）：全国各地以恢复旧有公园和改造、开放私园为主，很少营建新园，同时还广辟苗圃，大量育苗，为以后的公园建设打下基础。这期间，北京农业大学园艺系和清华大学营建系合创了我国第一个高等园林教育专业——造园专业。

初建阶段（1953—1957年）：主要结合全国的新城开发和市政卫生工程而新建起大量公园，对原有公园也进一步充实完善。公园的规划设计主要强调功能分区，尤其偏重文体活动区的规划。

减缓阶段（1958—1965年）：由于当时我国经济建设暂时受到挫折，全国各地公园建设的速度逐步减缓，工作重心转向强调普遍绿化和园林结合生产，出现了把公园经营农场化和林场化的倾向。在公园规划设计上，仍然以分区为主，但也进行了一些把我国传统的自然山水园形式应用于新园林创作中的探索。

受挫阶段（1966—1976年）：由于"文化大革命"的影响，全国各城市公园建设事业遭到破坏，新建工程趋于停滞，并中断了对专业人才的培养教育工作。

振兴发展阶段（1977—1984年）：全国各地公园建设重新起步，建设速度加快，质量不断提高，并开始探索民族化与现代化相结合的造园道路。

1985年以来，随着我国城市经济体制改革的开展和深化，城市建设和城市生活都相应地发生了新的变化，城市公园建设又进入了新的发展阶段。全国许多大专院校都设置了园林类的专业。一些小城镇的园林建设随着经济的发展而开始起步，并取得了一定的成就。城镇公园建设向纵、深发展。居住区绿化、交通绿化、小游园、园中园的建设得到重视。出现了一大批优秀园林作品，如北京的双秀园、雕塑公园及陶然亭公园中的华夏名亭园，上海的大观园，南京的药物园，无锡的杜鹃园，洛阳的牡丹园，沈阳的芳秀园，以及广州的云台花园等。在园林建设中，以植物造景为主的设计思想越来越受到重视，用植物的多彩多姿塑造优美的植物景观，满足了生态、审美、游览、休息等多种功能的需要。

从1992年开始，全国组织开展园林城市创建工作。截至2017年，全国已经开展了20批次的评选，共有2个直辖市、217个地级市、125个县级市、7个城区成功创建国家园林城市（城区），徐州、苏州、昆山、寿光、珠海、南宁、宝鸡7个城市为2015年"国家生态园林城市"，这也是国家生态园林城市的首次命名。与创建之初相比，全国城市园林绿地总量大幅度增长（增加了 4.7 倍），全国城市平均绿化覆盖率达到 36%，人均公园绿地面积提升了 6.3 倍，达到 8.6m²，城市公园面积增长了 8 倍。各地有效落实"出门 300m 见绿，500m 见园"指标要求，多数城市公园绿地服务半径覆盖率接近或超过 80%，城市公园更加亲民、便民、惠民，公园绿地成为健身、休闲和娱乐的重要场所，广大市民就近游园数量快速增加。园林城市创建发挥了示范带动作用，有力地推动了城市生态建设和市政基础设施建设，提升了城市宜居品质。

陶然亭公园（图 1-13）位于北京市南二环陶然桥西北侧，建于 1952 年。全园总面积 59hm²，其中水面积 17hm²。它是中华人民共和国成立后首都北京最早兴建的一座现代园林。其地为燕京名胜，素有"都门胜地"之誉，年代久远，史迹斑驳，名闻遐迩的陶然亭、慈悲庵就坐落在这里。秀丽的园林风光，丰富的文化内涵，光辉的革命史迹，使她成为观光旅游胜地。

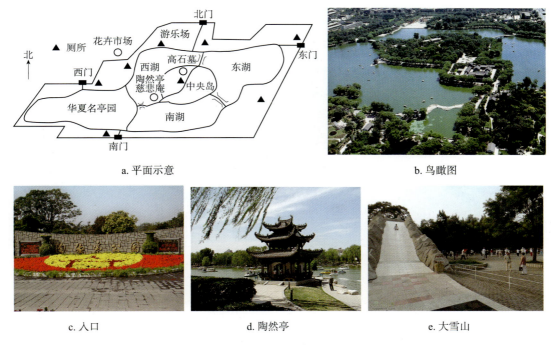

图 1-13　陶然亭公园

上海大观园（图 1-14）是一个大型仿古建筑群和现代园林，位于淀山湖的东岸，分东、西两大景区。东部以上海民族文化村、梅花园、桂花园为主要景观。西部则是根据中国古典名著《红楼梦》作者曹雪芹的笔意，运用中国传统园林艺术手法建成的大型仿古建筑群体。园中古典建筑近 8000m²，有大观楼、怡红院、潇湘馆、蘅芜苑等 20 多个建筑群。

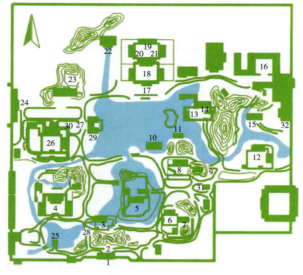

1. 大门
2. 曲径通幽
3. 沁芳桥亭
4. 怡红院
5. 潇湘馆
6. 秋爽斋
7. 晓翠堂
8. 暖香坞
9. 蓼风轩
10. 藕香榭
11. 芦雪庭
12. 稻香村
13. 紫菱洲
14. 缀锦楼
15. 红香圃
16. 蘅芜苑
17. 省亲牌坊
18. 顾恩思义殿
19. 大观楼
20. 含芳阁
21. 缀锦阁
22. 凸碧山庄
23. 嘉荫堂
24. 西门
25. 滴翠亭
26. 栊翠庵
27. 凹晶溪馆
28. 翠烟桥
29. 红楼书屋
30. 红楼食品部
31. 红楼酒肆
32. 大观园酒家

a. 导游图

b. 鸟瞰图

c. 大门

图 1-14　上海大观园

广州流花湖公园（图 1-15）占地 54.43hm^2，其中湖水面积占 60%，绿化占陆地面积的 88%。流花湖公园现址相传是晋代芝兰湖，后成为菜田。1958 年广州市政府为疏导街道水患，组织全市人民义务劳动，建成流花湖等 4 个人工湖，后辟为公园，除原有蓄水防洪功能外，还集游览、娱乐、休憩功能为一体。公园以棕榈植物、榕属植物、开花灌木及开阔的草坪、湖面与轻巧通透的岭南建（构）筑物相互配合，形成具有强烈南亚热带特色的自然风光。公园里主要有流花西苑、浮丘、勐苑、葵堤、烟雨亭、邓小平广场等著名景点。还有一座面积超过 3000m^2 的鸟岛，岛上聚集着上万只鹭鸟，并设有观鸟茶座和观鸟台。

一、主要景区及景点
1. 流花西苑　　7. 浮丘景区　　13. 流花东苑艺博馆　　19. 南门广场
2. 雅景园　　　8. 葵堤　　　　14. 烟雨亭　　　　　　20. 蒲翠洲景区
3. 农趣园景区　9. 棕榈区　　　15. 紫薇园景区　　　　21. 榕岛生态区
4. 榕荫游乐场　10. 绿茵花韵景区　16. 法兰克福花园　　22. 鹭岛
5. 宝象乐园　　11. 邓小平广场　17. 落雨松林景区
6. 春园景区　　12. 勐苑景区　　18. 蒲林广场

二、其他类型
保安部　　游艇
小卖部　　休息廊
餐饮　　　电话
饮茶　　　洗手间
停车　　　门岗服务中心
★ 公园管理处

a. 平面布置图

b. 鸟瞰图

c. 浮丘（上）葵堤（下）

图 1-15　广州流花湖公园

【实践教学】

实训 1-1　抄绘教材中图 1-10a 并对其特点与造景手法进行分析

一、目的

清代皇家园林的建设规模和艺术造诣都达到了后期历史上的高峰，通过抄绘颐和园效果图，分析其特点与造景手法，比较中国古典园林与现代园林的异同，加深对所学内容的理解。

二、材料及用具

A4 绘图纸、铅笔、钢笔、互联网。

三、方法及步骤

1. 抄绘

用 A4 绘图纸抄绘教材中图 1-10a。要求：一是概括光影的变化，提炼明暗层次，特别是各种灰色调要善于取舍；二是选择恰当的线条来表现黑、白、灰的层次。

2. 分析

通过回顾所学内容，查找线上、线下资料，分析颐和园的特点与造景手法，比较中国古典园林与现代园林的异同。

四、成果

A4 抄绘图 1 幅、分析报告 1 份。

1.2 外国园林发展概况

1.2.1 外国古代园林

外国古代园林就其历史的悠久程度、风格特点及对世界园林的影响，具有代表性的有日本庭园、古埃及与西亚园林、欧洲古代园林。

1.2.1.1 日本庭园

日本气候湿润多雨，山明水秀，为造园提供了良好的客观条件。日本民族崇尚自然，喜好户外活动，中国的造园艺术传入日本后，经过长期实践和创新，形成了日本独特的园林艺术。

日本庭园的种类主要有林泉式、筑山庭、平庭、茶亭和枯山水。

日本历史上早期虽有掘池筑岛并在岛上建造宫殿的记载，但主要是为了防御外敌和防范火灾。后来，在中国文化艺术的影响下，庭园中出现了游赏的内容。钦明天皇十三年（公元 552 年），佛教东传，中国园林对日本的影响扩大。日本宫苑中开始造须弥山、架设吴桥等，朝廷贵族纷纷建造宅园。20 世纪 60 年代，平城京考古发掘表明，奈良时代的庭园已有曲折的水池，池中设岩岛，池边置叠石，池岸和池底敷石块，环池疏布屋宇。平安时代前期庭园要求表现自然，贵族别墅常采用以池岛为主题的"水石庭"。到平安时代后期，贵族邸宅已由过去具有中国唐朝风格的左右对称形式发展成为符合日本习俗的"寝造殿"形式。这种住宅前面有水池，池中设岛，池周布置亭、阁和假山，是按中国蓬莱海岛

（一池三山）的概念布置而成的。在镰仓时代和室町时代，武士阶层掌握政权后，武士宅园仍以蓬莱海岛式庭园为主。由于禅宗很兴盛，在禅与画的影响下，枯山水式庭园发展起来。这种庭园规模一般较小，园内以石组为主要观赏对象，而用白沙象征水面和水池，或者配置以简素的树木。

日本京都龙安寺的"枯山水"方丈庭园（图1-16）建于15世纪，是日本最有名的园林精品。石庭呈矩形，占地面积仅330m²，庭园地形平坦，由15尊大小不一之石及大片灰色细卵石铺地所构成。石以二、三或五为一组，共分五组，石组以苔镶边，往外即是耙制而成的同心波纹。同心波纹可喻为雨水溅落池中或鱼儿出水。看是白沙、绿苔、褐石，但三者均非纯色，从此物的色系深浅变化中可找到与彼物的交相调谐之处。而沙石的细小与主石的粗犷、植物的"软"与石的"硬"、卧石与立石的不同形态等，又往往于对比中显其呼应。除耙制细石之人以外，无人可以迈进此园。而各方游客则会坐在庭园边的深色走廊上，有时会滞留数小时，静观枯山水的石庭景致，暂时忘却一切烦恼，思索龙安寺布道者的深刻禅意。

图1-16　日本京都龙安寺的"枯山水"方丈庭园

在桃山时期日本庭园多为武士家的书院庭园和随茶道发展而兴起的茶室和茶亭。江户时期发展起来了草庵式茶亭和书院式茶亭，特点是在庭园中各茶室间用"回游道路"和"露路"连通，一般都设在大规模园林如修学院离宫、桂离宫等之中。明治维新以后，随着西方文化的输入，在欧美造园思想的影响下，日本庭园出现了新的转折点。一方面，庭园从特权阶层私有专用转为开放公有，国家开放了一批私园，也新建了大批公园；另一方面，西方的园路、喷泉、花坛、草坪等也开始出现在庭园中，使得日本园林除原有的传统手法外，又增加了新的造园技艺。

1.2.1.2　古埃及与西亚园林

（1）古埃及园林

埃及与西亚邻近，埃及的尼罗河流域与西亚的幼发拉底河、底格里斯河流域同为人类文明的两个发源地,园林出现也最早。古埃及园林的形式及其特征,是古埃及自然条件、社会发展状况、宗教思想和人们生活习俗的综合反映。

埃及早在公元前 4000 年就跨入了奴隶社会,公元前 28—前 23 世纪形成法老政体的中央集权制。法老(即古埃及国王)去世后都兴建金字塔作王陵,成为墓园。金字塔工程浩大、宏伟、壮观,反映出埃及当时的科学与工程技术已经很发达。金字塔四周布置规则对称的林木;中轴为笔直的祭道,控制两侧均衡;塔前留有广场,与正门对应,造成庄严、肃穆的气氛。在一个比较恶劣的自然环境中造园,人们首先追求的是如何创造出相对舒适的居住小环境。因此,古埃及人在早期的造园活动中,除了强调种植果树、蔬菜以产生经济效益的实用目的外,还十分重视园林改善小气候的作用。在干燥炎热的气候条件下,树木和水体成为古埃及园林中最基本的造园要素。此外,棚架、凉亭等园林建筑也应运而生。

卢克索神庙(图 1-17)坐落在开罗以南 670km 以外的上埃及尼罗河畔,位于古埃及中王国和新王国的都城底比斯南半部遗址上。长 262m,宽 56m,由塔门、庭院、柱厅、方尖碑、放生池和诸神殿构成。卢克索神庙将多层次园林空间融为一体。庭院四周有三面都建有似纸草捆扎状的石柱,石柱为双排,柱顶呈弧形花序状,看上去雅致优美,给古老的神庙增添了美感。方尖碑高 25m,高于其后的塔门,直挺而上,与左侧的两株笔直的棕榈树形成无生命与有生命和谐共存的画面。如果有幸从尼罗河上远眺卢克索神庙,会发现整个神庙就像浮动在棕榈树顶的一艘大船,而高高耸立的方尖碑则似船前撑起的桅杆,圣船满载着千年的历史与沧桑巍然前行。

图 1-17 卢克索神庙

(2)西亚园林

西亚地区的叙利亚和伊拉克也是人类文明的发祥地之一。早在公元前 3500 年,已经出现了高度发达的古代文化。奴隶主在宅园附近建造各式花园,作为游憩观赏的乐园。奴隶主的私宅和花园,一般都建在幼法拉底河沿岸的谷地草原上,引水注园。花园内筑有水池或水渠，道路纵横方直，花草树木充满其间，布置非常整齐美观。基督教《圣经》中记载的伊甸园被称为"天国乐园"，就在叙利亚首都大马士革城附近。

在公元前 2000 年的巴比伦、大马士革等西亚广大地区有许多美丽的花园。距今 3000 年前古巴比伦王国宏大的都城有无数宫殿，不仅异常华丽壮观，而且国王尼布甲尼撒二世为他的妃子建造了被誉为世界七大奇观之一的"空中花园"（图 1-18）。这座花园早已被毁灭，但希腊历史学家斯特拉博和狄奥多罗斯对它做了记载。据记载，该园建有不同高度的台地，越往上的平台越小，每个台层都有石拱廊支撑，并且种植各种树木花草，顶部设有提水装置，用以浇灌植物。远处观看，它宛如空中花园，故人们称之为"空中花园"或"悬空花园"。

a. 遗址

b. 想象图

图 1-18　古巴比伦空中花园

西亚巴比伦、波斯气候干燥，重视水的利用，波斯庭园的布局多以位于十字形道路交叉点上的水池为中心，这一手法被阿拉伯人继承下来，成为伊斯兰园林的传统，流行于北非、西班牙、印度，传入意大利后，演变为各种水法，成为欧洲园林的重要内容。

1.2.1.3　欧洲古代园林

（1）古希腊、古罗马园林

古希腊是欧洲文化的发源地。古希腊的建筑、园林开创了欧洲建筑、园林之先河，直接影响着罗马、意大利及法国、英国等国的建筑、园林风格。后来英国吸取了中国山水园的意境，融入造园之中，对欧洲造园也有很大影响。

公元前 3 世纪，希腊哲学家伊壁鸠鲁在雅典建造了历史上最早的文人园，利用此园对门徒进行讲学。公元 5 世纪，希腊人渡海东游，从波斯学到了西亚的造园艺术，最终发展成了柱廊园。希腊的柱廊园（图 1-19）改进了波斯在造园布局上结合自然的形式，而变成喷水池占据中心位置，使自然符合人的意志，成为有秩序的整形园。柱廊园把西亚和欧洲两个系统的早期庭园形式与造园艺术联系起来，起到了过渡桥的作用。

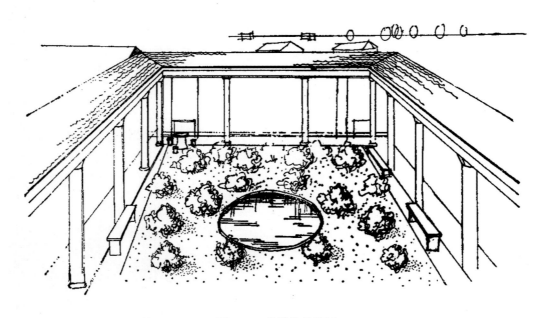

图 1-19　希腊的柱廊园

古罗马继承古希腊庭园艺术和亚洲园林的布局特点，发展成了山庄园林。欧洲中世纪时期，封建领主的城堡和教会的修道院中建有庭园。修道院中的园地同建筑功能相结合，如在柱廊环绕的教士住宅方庭中种植花卉，在医院前辟设药铺，在食堂厨房前辟设菜圃，此外，还有果园、鱼池、游憩的园地等。在今天，欧洲一些国家还保存有这种传统。

（2）意大利园林

意大利地处欧洲南部风景秀丽的阿尔卑斯山南麓，是一个半岛国家，山岭起伏，植被丰富，山泉颇多。意大利是古罗马的中心，受古罗马时期的建筑、雕塑艺术影响深远。意大利园林继承了古罗马园林的传统，文艺复兴又给它注入了新的人文主义，达到了很高的艺术水平。文艺复兴之后，人们逐渐厌倦了城市狭窄的街道、拥挤的住房，开始追求个性的解放，贵族阶级迁居到郊外或海滨的山坡上。佛罗伦萨、罗马、威尼斯等地建造了许多别墅园林，以别墅为主体，利用意大利的丘陵地形，开辟成整齐的台地，逐层配置灌木，并把它们修剪成图案式的植坛，同时顺山势利用各种水法（流泉、瀑布、喷泉等），外围是树木茂密的林园。这种园林统称为意大利台地园（图1-20）。台地园在地形整理、植物修剪艺术和水法技法方面都有很高的成就。

以兰特庄园为例（图1-21），在空间尺度和整体布局上，建筑师维尼奥拉设计的兰特庄园从主体建筑、水体、小品、道路系统到植物种植，都充满了文艺复兴时期建筑那种典型的均衡、大度和巴洛克式的夸张气息。它的园林布局呈中轴对称，均衡稳定、主次分明，各层次间变化生动，又通过恰到好处的比例掌控形成了一个和谐的整体。台地是意大

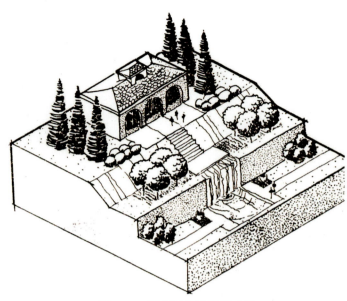
图 1-20　意大利台地园模式图

图 1-21　兰特庄园

利园林的一大特征，兰特花园也不例外，由 4 个层次分明的台地组成：平台规整的刺绣花园、主体建筑、圆形喷泉广场、观景台（至高点）。

（3）法国园林

16 世纪末期，法国在和意大利的频繁战争中接触到了意大利文艺复兴的新文化，在建筑和园林艺术方面开始受其影响，使法国园林发生了巨大变化。1638 年法国 J. 布阿依索写成西方最早的园林专著《论造园艺术》(*Traite du Jardinage*)。他认为："如果不加以条理化和安排整齐，那么，人们所能找到的最完美的东西都是有缺陷的。" 17 世纪下半叶，法国造园家勒诺特提出要 "强迫自然接受匀称的法则"。他主持设计的凡尔赛宫苑（图 1-22）是法国古典建筑与山水、丛林相结合的一座规模宏大的园林。在理水方面，运用水池、运河及喷泉等形式，水边有植物、建筑、雕塑等，丽景映池，增加固景的变化。在植物处理上，充分利用乡土树种阔叶落叶树，构成天幕式丛林背景，应用修剪整形的常绿植物作图案树坛，用花卉构成图案花坛，并且常采用大面积草坪等作为衬托，行道树多为悬铃木。

勒诺特园林形式的产生，开创了西方园林史的新纪元。正如意大利文艺复兴所产生的影响一样，法国规则式园林成了当时整个欧洲园林建筑都在模仿的建园形式。

（4）英国园林

在 15 世纪前，英国园林风格较朴素，主要是草原牧地风光的风景园林。17 世纪由于受到意大利和法国园林的影响，曾一度醉心于建造规则式园林。18 世纪欧洲文学艺术领域中兴起了浪漫主义运动，在这种思潮的影响下，英国开始欣赏纯自然之美，重新恢复传

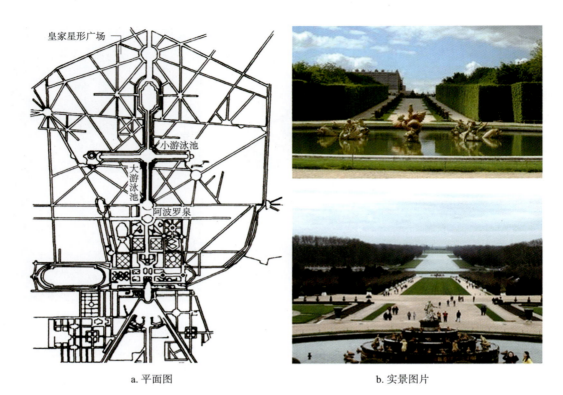

a. 平面图　　　　　　　　　　　b. 实景图片

图 1-22　法国凡尔赛宫苑

统的草地、树丛，于是产生了自然风景园（图 1-23）。初期的自然风景园对自然美的特点还缺乏完整的认识。18 世纪中叶，中国园林造园艺术传入英国。18 世纪末，英国造园家雷普顿认为自然风景园不应任其自然，而要加工，以充分显示自然的美而隐藏它的缺陷。

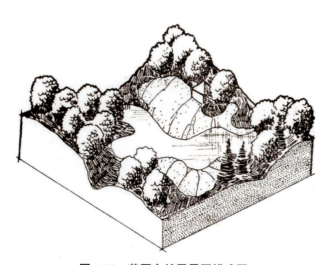

图 1-23　英国自然风景园模式图

他并不完全排斥规则式布局形式，在建筑与庭园相接地带也使用行列栽植的树木，并利用当时从美洲、东亚等地引进的花卉丰富园林色彩，把英国自然风景园推进了一步。

英国风景园林的特点是表现自然美，追求田野情趣，园路采用自然圆滑的曲线，园中有大片草地及自然水池，并有小型建筑点缀装饰，竖向上有所变化。植物设计采用自然式种植，树种繁多，色彩丰富，加之对花卉的利用，使植物素材成为园林中的主要景观，并营造出以某一风景甚至以某一种植物为主题的专类园,如岩石园、高山植物园、水景园、蔷薇园、杜鹃园、芍药园等。

自英国开始模仿中国园林起,欧洲曾二度兴起一股中国园林热,在进行了模仿实践以后,欧洲人终于发现,中国园林并不是能容易把握的一种艺术形式,没有极为深厚的文化与历史根底,想掌握中国园林艺术之真谛是十分困难的。但是,这为开拓欧洲人的眼界、丰富其艺术旨趣、打开园林创作思路等,均起到了十分重要的作用。

1.2.2 外国近、现代园林

1.2.2.1 公园的出现与发展

公园是公众游观、娱乐的一种园林,也是城市公共绿地的一种类型。17世纪中叶,英国爆发了资产阶级革命,武装推翻了封建王朝,建立起土地贵族与大资产阶级联盟的君主立宪制政权,宣告资本主义社会制度的诞生。不久,法国也爆发了资产阶级革命,继而,革命的浪潮席卷全欧洲。在资产阶级"自由、平等、博爱"的口号下,新兴的资产阶级没收了封建领主及皇室的财产,把大大小小的宫苑和私园都向公众开放,并将其统称为公园(Public Park)。这就为19世纪欧洲各大城市产生一批数量可观的公园打下了基础。

从17世纪开始,英国就将贵族私园开辟为公园,如伦敦的海德公园;欧洲其他国家也相继仿效,公园随即普遍成为一种园林形式。19世纪中叶,欧洲及美国、日本开始规划设计和建造公园,标志着近代公园的产生。

从真正意义上进行设计和营造的公园始于美国纽约的中央公园(图1-24)。1858年,美国政府通过了由欧姆斯特德(Frederick Law Olmsted)和他的助手沃克斯(Calvert Vaux)合作设计的公园设计方案,并根据法律在市中心划定了一块约340hm^2的土地作为公园用地。在市中心保留这样大的一块公园用地是基于这样一种考虑,即将来的城市不断发展扩大后,公园会被许多高大的城市建筑所包围。为了使市民能够享受到大自然和乡村景色的气息,在这块较大面积的公园用地上,可创作出乡村景色的片段,并可把预想中的建筑实体隐蔽在园界之外。在这种规划思想的指导下,整个公园的规划布局以自然式为主,只有中央林荫道是规则式的。纽约中央公园的建设成就受到了社会的瞩目和赞赏,从而影响了世界各国,推动了城市公园的发展。但是,由于各国地理环境、社会制度、经济发展、文化传统以及科技水平的不同,在公园规划设计的做法与要求上表现出较大的差异性,呈现出不同的发展趋势。

现代世界各国公园,除开辟新园、古典园林、宫苑外,主要是由国家在城市或市郊、名胜区等专门建造的国家公园或自然保护区。美国1872年建立的黄石国家公园是世界上第一座国家公园,面积为89万hm^2以上,开辟了保护自然环境、满足公众游观需要的新途径。而后世界各国相继效法，建立国家公园。有些国家还制定了自然公园法令，以保证国土绿化与城市美化。国家公园一般都选天然状态下具有独特代表性自然环境的地区进行规划、建造，以保护自然生态系统、自然地貌的原始状态。其功能多种多样，有科学研究、科学普及教育，也有公众旅游、观赏大自然奇景等。

图 1-24　美国纽约的中央公园

1.2.2.2　城市绿地

城市绿地指公园、林荫路、街心花园、绿岛、广场草坪、赛场或游乐场、居住区小公园、居住环境及工矿区等。西方产业革命后，随着工业的发展，工业国家的城市人口不断增加，工业、交通对城市环境的污染日益严重，多方面的专家纷纷从事改造城市环境的活动，把发展城市绿地作为改造城市物质环境的手段。1892 年，美国风景建筑师 F. L. 奥姆斯特德编制了波士顿城市园林绿地系统方案，将公园、滨河绿地、林荫道连接为绿地系统。而后一些国家也相继重视公共绿地的建设，国家公园就是其中规模最大的一项建设工程。近几年来，各国新建城市或改造老城，都把绿地系统规划纳入城市总体规划之中，并且制定了绿地率、绿地规范一类的标准，以确保城市有适宜的绿色环境。

1.2.2.3　私园

西方国家除继承过去的园林传统外，还特别注重园林的色彩与造型，造景讲究自然活泼、丰富多彩。随着自然科学技术的发展，通过驯化、繁育良种、人工育种、无性繁殖等方法，不断涌现出适应性强、应用广泛的园林植物，为园林绿化建设提供了充足的资源，也促进了以植物为主的私园迅速发展，产生了近现代诸多专类花园，如芍药园、蔷薇园、百合园、大丽花园、玫瑰园及植物园等。

私园以大资本家、富豪为多，有的大资本家、富豪拥有多处或多座私园，在城市里建有华贵富丽的宅馆与花园，在郊外选风景区建别墅，甚至于异乡建休养别馆。19世纪后，英国的私人自然风景园发展较快，而且不再是单色调的绿色深浅变化，而是注重建植色彩华丽的花坛，栽植新鲜花木，建筑的造型、色彩富有变化，舒适美观。除花坛外，私园多铺开阔草地，周植各种形态的灌木丛，边隅以花丛点缀，另有露天浴池、球场、饰瓶、雕塑之类。英国的这类私园是近现代西方私园的典型，对欧美各国影响极大，欧美私园基本仿英国建造。

现代城市中，富裕市民也掀起建小庭园的热潮。以花木或花丛、小峰石、花坛、小水池及盆花、盆景装饰庭院，改善与美化住宅小环境。这类园虽小，无定格，但也不乏精品，而且人数众多，普及面广，交流频繁，对园林绿化的发展具有不可忽视的促进作用。总之，东、西方对自然的观察和概括方法不同，以及工程条件、自然风景资源、风俗习惯、审美观念之差异，加上文化技术发展阶段不同，因此形成了园林风格的差异，但又因东、西方造园均取材于自然，使之也有共同之处，从而保持了东、西方园林艺术的多样与统一。

【实践教学】

实训 1-2　抄绘教材中图 1-20 并对其特点与造景手法进行分析

一、目的

台地是意大利园林的一大特征，通过抄绘意大利台地园模式图，分析其类型特征、造景手法及形成原因，加深对所学内容的理解。

二、材料及用具

A4 绘图纸、铅笔、钢笔，互联网。

三、方法及步骤

1. 抄绘

用 A4 绘图纸和钢笔抄绘教材中图 1-20，要求：一是概括光影的变化，提炼明暗层次，特别是各种灰色调要善于取舍；二是选择恰当的线条来表现黑、白、灰的层次。

2. 分析

通过回顾所学内容，查找线上、线下资料，分析意大利台地园的类型特征、造景手法及形成原因。

四、成果

A4 绘图纸抄绘图 1 张、分析报告 1 份。

【小结】

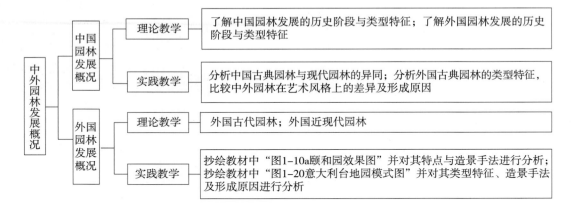

【自主学习资源库】

1. 林泰碧，陈兴．2012．中外园林史．四川美术出版社．
2. 周维权．2008．中外古典园林史．清华大学出版社．
3. 彭一刚．1986．中国古典园林分析．中国建材工业出版社．
4. http://www.ylstudy.com/（园林学习网）
5. http://www.china.com.cn/chinese/zhuanti/gdyl/523334.htm（中国古典园林网）

【自测题】

1. 名词解释

北宋山水官苑、日本枯山水、意大利台地园、英国风景园、城市绿地。

2. 简答题

（1）中国园林萌芽于什么时期？最初的形式是什么？这种形式是如何形成的？
（2）举一个"一池三山"的例子并做简要说明。
（3）魏、晋、南北朝时期园林的特点是什么？
（4）在中国园林史中成熟期有哪些文人造园活动？
（5）中国古典园林高潮期园林的六大特点是什么？
（6）日本京都龙安寺的"枯山水"方丈庭园是什么样的？
（7）简要说明"空中花园"的情况。
（8）简要说明波斯庭院的布局手法。
（9）简要说明意大利兰特庄园的情况。
（10）简述美国纽约中央公园对世界各国造园的影响。

3. 综合分析题

（1）综合分析中国古典园林的发展概况。
（2）综合分析意大利台地园和法国平面图案式园林的区别和联系。

单元 2

园林设计表现技法

【知识目标】

（1）掌握园林制图的基础知识。

（2）了解常见计算机软件在园林绘图中的作用。

【技能目标】

（1）能熟练绘制各类园林素材。

（2）会使用常用计算机绘图软件进行简单制图。

2.1 线条表现技法

2.1.1 线条表现常用工具

2.1.1.1 笔

（1）铅笔

铅笔是绘图时最常用的工具。铅笔根据其笔芯的软硬程度有不同型号的划分。总的来说，绘图铅笔型号有3种：H表示硬质铅笔，B表示软质铅笔，HB表示软硬适中的铅笔。H系列有H、2H、3H、4H、6H这5种，数字越大，代表硬度越大，一般素描建议选用2H、3H、4H；B系列有B、2B、3B、4B、6B、8B这6种，数字越大，代表铅质越软。

H系列铅笔笔芯硬度相对较高，适合用于界面相对较硬或粗糙的物体，常用于画细线，适宜使用在粗糙的纸面上；HB铅笔笔芯硬度适中，适合一般情况下的书写；B系列铅笔笔芯相对较软，适宜画粗线条，在表面比较细密的纸上使用。

软铅用于铺大色调，能轻松快捷地拉开明暗关系和营造画面色调氛围。它适用于描绘深色及暗部，但由于它的笔灰附着力差，易弄脏画面。而硬铅在处理画面肌理、勾勒变化丰富的线条以及变现亮面部分的细微变化方面能达到软铅难以企及的效果，但如果使用时用力过度，易损伤纸面。使用时，通常以软铅铺调"打底"画深色，再以硬铅深入刻画，遵循先软后硬的顺序，如果顺序颠倒，软铅就无法在硬铅画过多遍的地方深入刻画。

（2）针管笔

针管笔是绘制图纸的基本工具之一，能绘制出均匀一致的线条。笔身是钢笔状，笔头是长约2cm的中空钢制圆环，里面藏着一根活动细钢针，上下摆动针管笔，能及时清除堵塞笔头的纸纤维。

其针管管径有0.1～2.0mm的各种不同规格，在设计制图中至少应备有细、中、粗3种不同粗细的针管笔。

在绘图过程中要注意针管笔的笔身与纸面垂直，运笔尽量均匀、不停顿，作图顺序要依照先上后下、先左后右、先曲后直、先粗后细的基本原则。平时宜正确使用和保养针管笔，以保证针管笔有良好的工作状态及较长的使用寿命。针管笔在不使用时应随时套上笔帽，以免针尖墨水干结，并应定时清洗针管笔，以保持用笔流畅。

2.1.1.2 尺规

（1）丁字尺

丁字尺又称为T形尺，为一端有横档的"丁"字形直尺，由互相垂直的尺头和尺身构成。将丁字尺尺头放在图板的左侧，紧贴边缘，上下滑动，配合三角板等其他绘图工具可绘制各种角度的直线。

（2）三角板

三角板是一种重要的作图工具。每副三角板由两个特殊的直角三角板组成。一个是等腰直角三角板，另一个是细长三角板。等腰直角三角板的两个锐角都是45°。细长三角板的锐角分别是30°和60°。通过三角板之间角度的拼合，也可以组成更多角度，方便制图。

（3）圆规

圆规是用于画圆和圆弧的工具。使用时调整圆规两脚之间的高度保持一致，将一脚的钢针插在圆心位置上，把带有铅笔的另一脚旋转一周，即可得到一个圆。

（4）模板

模板是已经将常用的符号、形状、图形、比例等在一块板上刻画出来。目前市面上已经对不同行业做出了不同的适用模板，如园林模板、建筑模板等，方便作图。

2.1.2 制图规范

为了保证园林制图的统一性，保证图面质量和制图效率，绘制出符合我国相应的设计施工要求的园林图纸，必须掌握符合国家规定的制图标准和规范。

2.1.2.1 图幅

常见的园林图纸采用的是国际通用的A系列图幅（图2-1、图2-2）。具体图幅规格及代号如表2-1所列。

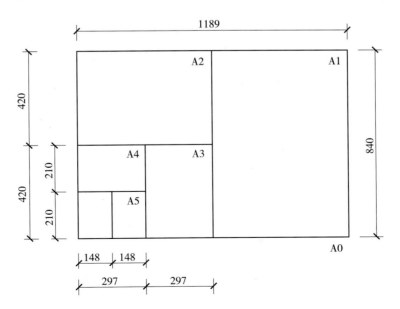

图 2-1　图纸标准尺寸

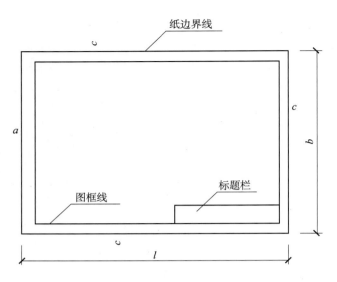

图 2-2　图纸幅面

表 2-1　幅面及图框尺寸　　　　　　　　　　　　　　　　　　　　　　　mm

项目	A0	A1	A2	A3	A4
$b \times l$	841×1189	594×841	420×594	297×420	210×297
c	10			5	
a	25				

注：b 是图纸宽度，l 是图纸长度，c 是装订边各边缘到相应图框线的距离，a 是装订宽度。

当以短边作为垂直边时称为横幅，当以短边作为水平边时称为竖幅。在制图时，A0～A3 型号的图纸一般宜为横幅。

在制图时，会出现图的长度过长或者内容较多的情况，需要加长图纸，则图纸加长量为原图纸长边长度的 1/8 的倍数。要注意的是，只有 A0～A3 型号的图纸可以加长，且只能加长长边（表 2-2）。

表 2-2　图纸长边加长尺寸　　　　　　　　　　　　　　　　　　　　　　mm

幅面	长边尺寸	长边加长后尺寸							
A0	1189	1338	1486	1635	1783	1932	2080	2230	2378
A1	841	1051	1261	1471	1682	1892	2102		
A2	594	743	891	1041	1189	1338	1486	1635	1783
A3	420	630	841	1051	1261	1471	1682	1892	

在图纸中，位于图纸右下角用来说明图纸内容的方格（只有 A4 竖幅图纸位于图纸下方），称为标题栏（图 2-3）。标题栏中一般包括设计单位、工程项目、设计人员、图名、图号、比例等内容。一般尺寸为：长边 180mm，短边 30mm、40mm、50mm（图 2-4）。

需要会签的图纸应设置会签栏（图 2-3），尺寸为 75mm×20mm，会签栏内要写明会签人员的专业、姓名、日期（图 2-5）。

在课堂制图中，可根据教学需要自行安排标题栏内的内容。

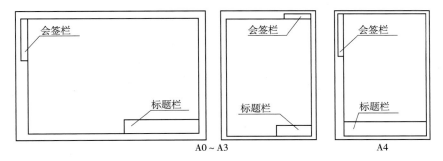

图 2-3　图纸标题栏和会签栏位置

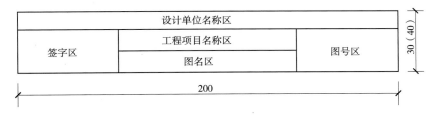

图 2-4　标题栏内容及尺寸

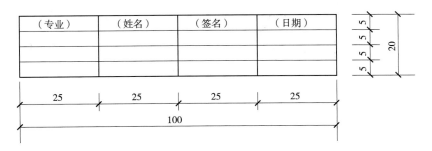

图 2-5　会签栏内容及尺寸

注意：一般一项工程所用的图纸不多于两种图幅。

2.1.2.2　线型

在园林制图中常见的线型有实线、虚线、点画线和折断线等，在制图中以可见轮廓线的宽度 b 为基本线宽（表 2-3）。

表 2-3 常用线型画法及主要用途

名称		线型	宽度	主要用途
实线	粗	——	b	1. 园林建筑立面图的外轮廓线 2. 平面图、剖面图中被剖切的主要建筑构造的轮廓线及剖切符号 3. 园林景观构造详图中被剖切的主要部分轮廓线 4. 平面图中水岸线
	中	——	0.5b	1. 剖面图中被剖切的次要构件的轮廓线 2. 平面图、立面图、剖面图中园林建筑构造配件的轮廓线 3. 构造详图中一般轮廓线
	细	——	0.25b	尺寸线、尺寸界线、图例线、索线符号、标高符号、详图材料做法引出线等
虚线	粗	- - - - -	b	1. 新建筑物的不可见轮廓线 2. 结构图上不可见钢筋及螺栓线
	中	- - - - -	0.5b	1. 一般不可见轮廓线 2. 建筑构造及建筑构造配件不可见轮廓线 3. 拟扩建的建筑物轮廓线
	细	- - - - -	0.25b	1. 图例线 2. 结构详图中不可见钢筋混凝土构件轮廓线 3. 总平面图上原有建筑物和道路、桥涵、围墙等设施的不可见轮廓线
点画线	粗	—·—·—	b	结构图中的支撑线
	中	—·—·—	0.5b	土方填挖区的零点线
	细	—·—·—	0.25b	分水线、中心线、对称线、定位轴线
双点画线	粗	—··—··—	b	总平面图中用地范围（用红色，也称为"红线"）
	中	—··—··—	0.5b	见各有关专业制图标准
	细	—··—··—	0.25b	假想轮廓线成型前原始轮廓线
折断线	细	∿	0.25b	不需画全的折断界线
波浪线	细	～～～	0.25b	不需画全的断开界线、构造层次的断界线

2.1.2.3 文字

在园林制图中，文字应工整、端正、清晰。汉字往往使用长仿宋体，长仿宋体字体规格及使用范围参照表 2-4。

表 2-4　长仿宋体字体规格及使用范围　　　　　　　　　　　　mm

字号	20	14	10	7	5	3.5
字宽	14	10	7	5	3.5	2.5
（1/4）h	5	3.5	2.5	1.8	1.3	0.9
（1/3）h	6.6	4.6	3.3	2.3	1.7	1.2
使用范围	标题或封面		各类图标题	1. 详图数字和标题； 2. 标题下的比例； 3. 剖面符号； 4. 一般说明文字		
			1. 表格名称； 2. 详图及附注		尺寸、标高及其他	

在书写字母与数字的时候一般有两种书写形式：一种为直体，另一种为斜体，斜体的倾斜角度应该为从字的底线逆时针向上倾斜 75°。若按字母和数字的宽度来划分，又可以分为一般字体和窄字体。

2.1.2.4　标注

在绘图过程中，为了能够直观感受实际尺寸，需要对所绘制的图形进行精确、详细的尺寸标注。图中的所有标注需按照国家规定的制图规范绘制。

图上标注出来的数字应是目标对象的实际真实大小，与图形的大小（即所采用的比例）和绘图的准确度无关。图中的尺寸以毫米为单位时，不需标注计量单位的代号或名称。如果采用其他单位，则必须注明相应的计量单位的代号或名称。一般来说，每一尺寸只标注一次，并应标注在反映该结构最清晰的图形上。

（1）线性标注

每一个线性标注由 4 个部分组成：尺寸界线、尺寸线、起止符、尺寸数字（图 2-6）。

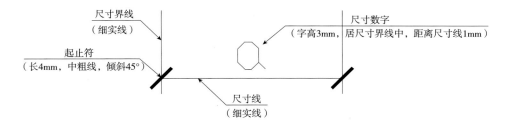

图 2-6　线性标注样式

尺寸界线用细实线绘制，由图形的轮廓线、轴线或对称中心线引出。也可利用图形的轮廓线、轴线或对称中心线作尺寸界线。尺寸线用来表示所注尺寸的度量方向，与所标注的线段平行，用细实线绘制，其终端常见有箭头和斜线两种形式，称为起止符。起止符必须在尺寸线与尺寸界线相互垂直时才能使用，斜线终端用细实线绘制，方向以尺寸线为准，逆时针旋转 45°画出。尺寸数字用来表示所注尺寸的数值。水平方向的尺寸，尺寸数字一般应注写在尺寸线的上方；铅垂方向的尺寸，尺寸数字一般应注写在尺寸线的左方。

（2）直径和半径的标注

标注直径时应在尺寸数字前加注符号"ϕ"（图2-7），标注半径时应在尺寸数字前加注符号"R"（图2-8），其尺寸线应通过圆心，尺寸线的终端应画成箭头。对于圆弧来说，直径、半径标注的采用是以圆弧的大小为依据，超过一半的圆弧，必须标注直径；小于一半的圆弧，只能标注半径。

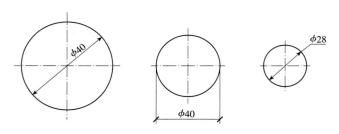

图 2-7　直径标注方式

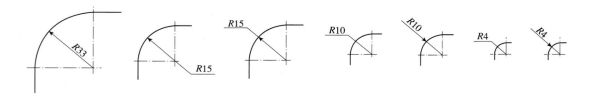

图 2-8　半径标注方式

（3）标高标注

标高有两种表示方法：一种是相对标高，即将自行设定的某一点为起算零点，标高符号是一个倒置的等腰三角形，三角形的尖端指向物体被标注高度的位置上；另一种是以大地水准面为起算零点，标注方式大致与第一种相同，但是三角形内要用笔涂黑（图2-9）。

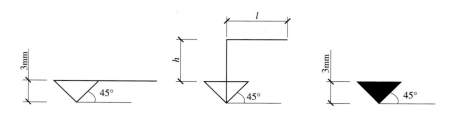

l：取适当长度注写标高数字　　h：根据需要取适当高度

图 2-9　标高的表示方法

(4)坡度标注

坡度的表示方式往往以百分数表示,也有用比值表示坡度值的,常使用剪头指向下坡方向,将百分数或比值写在剪头的线段上。也有用直角三角形表示坡度的方法,具体使用方法如图 2-10 所示。

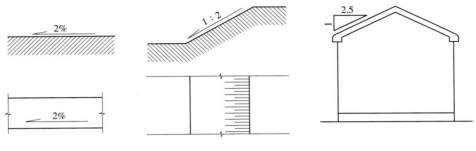

图 2-10 坡度的表示方法

2.1.3 尺规线条图

尺规线条图是指借助尺规工具用单线勾勒出的简单形态和轮廓,制图方法简单,是学习园林规划设计最基本的技能。

尺规线条图和普通的徒手绘线条图相比更加工整。在制图过程中,学会各类制图工具的使用方法,熟悉绘图相关知识,掌握作图方法和过程。使用尺规绘制的线条应粗细均匀、光滑整洁,对线条交接部分搭接准确(图 2-11)。

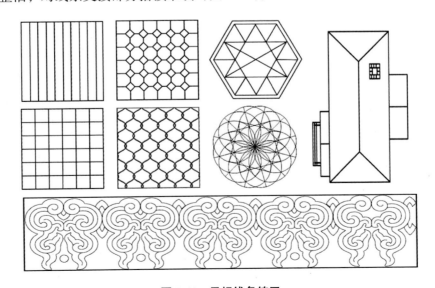

图 2-11 尺规线条练习

绘图时可以先用铅笔绘制底稿,绘制底稿时不宜过重,以免影响最后的画面美观。绘图纸将就一定的绘图顺序,认真绘制,保证绘图质量。

2.1.4 钢笔徒手画

2.1.4.1 钢笔徒手线条

钢笔画就是借助钢笔完成图形对象的绘制。徒手画和尺规画不同,徒手画的线条更为活泼生动,充满变化,通过线条的粗细变化和叠加,能够表现出丰富的形体轮廓、空间层次、质感肌理、明暗变化等。

徒手画也是园林学习者的基础技能,通过徒手画的训练,可以使学习者掌握钢笔绘图的技巧,利用钢笔丰富的变化,快速绘制园林小景或钢笔风景画,提高徒手绘图能力。

在钢笔徒手画初期学习中,首先要掌握徒手线条的绘制,这是钢笔徒手画的基础。钢笔画的明暗、层次等都是通过不同的排线实现的,由此可见钢笔线条的重要性(图2-12)。

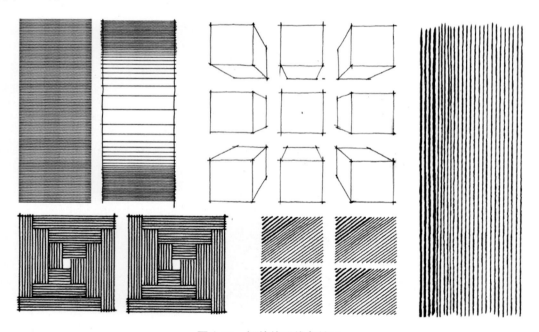

图 2-12　钢笔徒手线条练习

在绘制钢笔徒手线条的时候要注意放松,尽量一次完成一条线,不要将一条线段划分成小段重复描绘。如果线段太长,可以根据绘图习惯分段绘制。徒手线条不是尺规线条,会出现一些弯折,只要整体保持一定的质量即可。

2.1.4.2 园林要素的绘制

（1）园林植物的表现方法

园林植物是重要的造园要素之一。园林植物种类繁多，学习者不可能掌握每一种植物的具体画法。在学习过程中，要总结不同类型的植物特点，抓住其重要的特征形态绘制平面及立面造型。在一套园林图纸中，不同的植物要选择不同的平面及立面表现形式。

①植物平面画法　所谓园林平面图，指的是各类园林植物投影到水平面上的投影图。乔木在绘图过程中往往采用概括性的图例表示：用圆表示树冠形状和大小，用中心的黑点表示树干位置。常用的乔木画法包括以下几种（图2-13）：轮廓型，是指只用线条勾勒出乔木外形轮廓，阔叶树轮廓圆滑，针叶树有尖突；分枝型，是指用线条标示出树枝的分杈，往往适用于落叶阔叶树种；枝叶型，是指既绘制分枝又通过简单的线条绘制出冠叶的外轮廓；质感型，是指用线条的不同组合方式绘制出植物的质感。

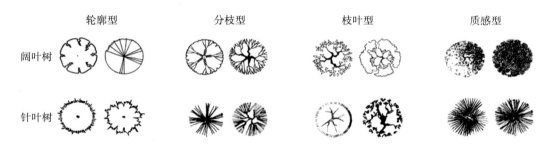

图 2-13　乔木平面表示方法

当所绘植物不是单独栽植，而是几株或是成群的树木连成一片时，应当注意树冠的避让（图2-14），甚至在勾勒大量的植物平面时仅仅勾勒出外轮廓线（图2-15）。

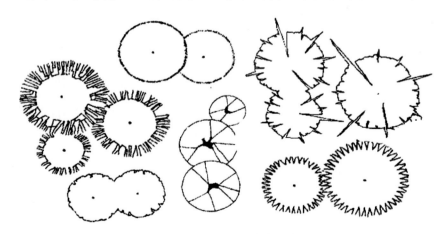

图 2-14　相连树木组合表示方法

图 2-15 大片树木平面表示方法

除了乔木之外，还要注意灌木及地被草坪的画法。灌木一般有未修剪的不规则自然形态和修剪的规则形态，与乔木的画法有相似的地方，也可以分为轮廓型、分枝型、枝叶型和质感型。草坪常常使用打点法或短线的排列表示，具体绘制方法如图 2-16 所示。

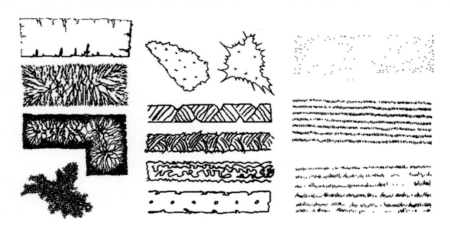

图 2-16 灌木和草坪的平面表示方法

②植物立面画法　园林植物立面可以直观表现出植物形态、树冠造型、树干姿态，通过观察不同植物的立面造型，了解不同植物的轮廓、树干和树冠的比例关系，抓住不同植物的主要特征，通过不同的钢笔笔法表现出树木的质感以及明暗变化（图 2-17）。

（2）园林山石的表现方法

园林山石在中国传统园林中占有重要地位，其丰富活泼的造型可以自成一景，还可以组织空间、分隔空间，是我国自然山水园不可或缺的重要元素。国人在造园过程中积累了丰富的经验，不同石材的特性被造园工匠们发挥得淋漓尽致。中国传统园林中常用的石材主要有湖石、黄石、青石、黄蜡石、钟乳石等，不同石材都有其特点（图 2-18）。

图 2-17　灌木的立面表示方法

图 2-18　不同石材的画法

　　湖石：湖石是石灰岩经过长时间的水流冲刷而形成的，湖石上有很多沟壑孔穴，极具表现力，所以受到了很多造园家的青睐，用其表现大型园林叠山或用作单独的置石。

　　黄石与青石：黄石与青石皆墩状，见棱、见角，节理面近乎垂直。色橙黄者称为黄石，色青灰者称为青石，为砂岩或变质岩等。与湖石相比，黄石堆成的假山浑厚挺括、雄奇壮观、棱角分明，粗狂而富有力感。

　　钟乳石：又称为石钟乳，是碳酸盐岩地区洞穴内在漫长地质历史中和特定地质条件下形成的石钟乳、石笋、石柱等不同形态碳酸钙沉淀物的总称。

黄蜡石：因石表层内蜡状质感和色感而得名。黄蜡石是岭南石玩界广为流行的石玩，是传统赏石中质地最为坚硬致密的一种。

在绘制山石时一般只勾勒轮廓，很少采用具体的材质、光线进行细节的描绘，避免图面的凌乱感。但是如果是单独刻画石材，则需要将石材表面的纹理、光影变化都具体绘制出来（图2-19）。

图2-19　置石的表现方法

（3）园林水体的表现方法

绘制水体时，主要有两种表现形式：一种是平面表现；另一种是立面表现。

在钢笔徒手画中最常用的平面水体表现方式就是线条法（图2-20、图2-21）。线条法是指用钢笔排线的方式在水体面积内进行铺排，可以铺满，也可以留白。

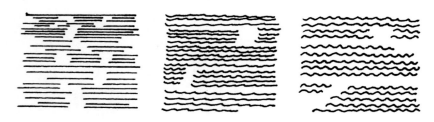

图2-20　线条法表示静水水面

图2-21　线条法表示动水水面

绘制立面水体时，一般采用线条法或留白法（图 2-22）。由于水体具有灵动性，绘制水体时要注意线条的变化，避免呆板生硬，而且要注意水体的光影效果，以及与其他园林要素之间的关系。

图 2-22　立面水体的表示方法

【实践教学】

实训 2-1　钢笔徒手绘制园林小景

一、目的

培养徒手绘图能力，为今后绘制方案表现图打下基础。

二、材料及用具

铅笔、针管笔、尺规、速写本。

三、方法及步骤

1. 钢笔徒手绘制以植物为主体的园林小景

刚刚开始接触钢笔徒手画的初学者，可以先用铅笔打稿，注意用笔时不宜过重，也不需将细节刻画得非常深入，只要先画出基础轮廓，注意透视关系和各个园林要素间的位置关系即可。

在绘制园林植物时，要注意植物本身的造型以及各植物之间的关系，叶片的质感可以通过不同的笔触表现出来，特别要注意通过线条表现植物的光影效果（图 2-23）。

2. 钢笔徒手绘制以山石、水体为主体的园林小景

在绘制山石、水体时，要注意突出不同石材的个性特征以及与水体之间的关系，由于水体具有很好的光影效果，要注意水体周边环境和水体之间的关系，表现出水体的倒影效果，丰富景观层次（图 2-24）。

图 2-23　以植物为主体的小景

图 2-24　以钢笔排线方式绘制的山石水体景观

四、成果

绘制一幅校园园林小景的效果图。

2.2　计算机绘图

2.2.1　常用的计算机绘图软件

2.2.1.1　Auto CAD 软件

CAD 是 Computer Aided Design 的缩写，意即计算机辅助设计。Auto CAD 是国际上使用较为广泛的绘图工具之一，应用在建筑、装饰、城市规划、园林规划设计、工业设计等众多领域（图 2-25、图 2-26）。

菜单栏：集合绝大多数的命令，像餐厅的菜谱集合所有菜式一样。

各类工具栏：是集合了常用命令的一种快捷方式。工具栏命令输入比菜单栏输入更便捷。另外，鼠标点击右键会出现当前可选操作，称为快捷菜单。从快捷菜单中选择也可以输入命令。

命令窗口：当提示输入命令时，表示可以输入新的执行命令。

状态栏：左侧变换坐标显示当前鼠标所在的坐标位置，中间部分为系统提供的精确绘图工具。

绘图区：Auto CAD 图纸的绘制和显示都在绘图区进行。

一般使用 Auto CAD 进行初期的方案底图绘制以及后期的施工图绘制。

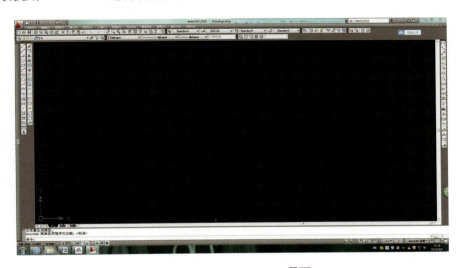

图 2-25　Auto CAD 2010 界面

标题栏				
菜单栏				
标准工具栏			修改Ⅱ工具栏	查询工具栏
图层与对象特性工具栏				视口工具栏
绘图工具栏	修改工具栏	绘图区		标注工具栏
命令窗口				
状态栏				

图 2-26　Auto CAD 常用界面布局

2.2.1.2　Photoshop 软件

Photoshop 简称 PS，是目前市面上较为优秀的图像处理软件之一，它的应用范围十分广泛，几乎已经成为广告、设计、出版等行业处理图像的首选软件。与图形创作不同，PS 最强大的功能是图像处理，就是对已有的位图图像进行编辑和加工（图 2-27）。

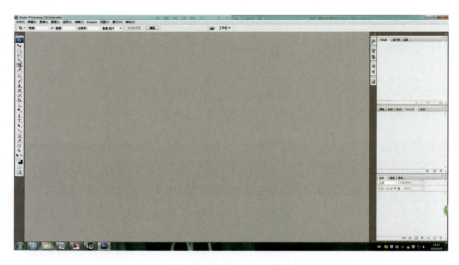

图 2-27　Photoshop 界面

标题栏：位于主窗口顶端，最左边是 Photoshop 标记，右边分别是最小化、最大化 / 还原和关闭按钮。

属性栏（又称为工具选项栏）：选中某个工具后，属性栏就会改变成相应工具的属性设置选项，可更改相应的选项。

菜单栏：菜单栏为整个环境下所有窗口提供菜单控制，包括文件、编辑、图像、图层、选择、滤镜、视图、窗口和帮助 9 项。Photoshop 中通过两种方式执行所有命令：一是菜单，二是快捷键。

图像编辑窗口：中间窗口是图像窗口，它是 Photoshop 的主要工作区，用于显示图像文件。图像窗口自带有标题栏，提供了所打开文件的基本信息，如文件名、缩放比例、颜色模式等。如同时打开两副图像，可通过单击图像窗口进行切换。

状态栏：主窗口底部是状态栏，由文本栏、缩放栏、预览框 3 个部分组成。

工具箱：工具箱中的工具可用来选择、绘画、编辑以及查看图像。拖动工具箱的标题栏，可移动工具箱；单击可选中工具或移动光标到该工具上，属性栏会显示该工具的属性。

Photoshop 强大的图像处理功能，让设计人员可以在 CAD 的基础上绘制园林彩色平面图，利用丰富的素材还可以便捷地绘制园林效果图或进行效果图的后期处理。

2.2.1.3 SketchUp 软件

SketchUp 又称为草图大师，主要用于三维建模（图 2-28）。草图大师的操作十分方便，容易上手，但是却包含着十分强大的功能，特别是越来越丰富的插件及模型的协助，使草图大师的功能越来越强大，作图越来越便捷，效果也越来越逼真。

图 2-28　SketchUp 界面

菜单栏：与其他软件一样，菜单栏包含了 SketchUp 中的所有常用命令。

绘图窗口：创建和显示模型的区域。

工具栏：SketchUp 的工具栏与其他程序的工具栏类似，可以吸附在绘图窗口上或与之分离，它们包括了 SketchUp 中的大部分常用命令。

利用 SketchUp 便捷的操作方法，在模型中导入 CAD 底图，运用软件中自带的材质贴图可以非常快捷地完成简单的园林三维建模。当然，SketchUp 自身的效果并不理想，可以利用渲染软件进行图形渲染，越来越强大的渲染软件已经可以满足大多数园林景观设计的需求。

2.2.1.4　Lumion 软件

Lumion 是一个实时的 3D 可视化工具，用来制作电影和导出静帧作品，涉及的领域包括建筑、城市规划和园林设计等（图 2-29）。

Lumion 在近几年中被园林企业越来越广泛地使用，其便捷的操作方法和优秀的效果都是它备受推崇的原因。

可以导入 SketchUp 初期模型到 Lumion 中进行材质的修改甚至天气情况、自然环境、声、光等全方位的效果模拟，可制作出效果逼真的动态画面，且渲染时间比其他专业渲染软件更短。

图 2-29　Lumion 界面

2.2.2　计算机绘图在园林设计中的作用

计算机在人们日常生活中扮演着越来越重要的角色。在园林设计这个领域里，计算机绘图的地位呈现出越来越重要的趋势。

首先，计算机制作平面图可以直接改变出图比例，得到各种比例的图纸，对于设计过程中复杂的计算能够更快、更准确地完成，通过图块和图例的插入、快速标注等手段加快制图速度，方便修改，可以有效降低设计人员的劳动强度，使设计者从笔、墨、颜料和纸张中解脱出来，从而把精力更多地倾注于设计思想和理念的表达。

其次，计算机建模软件可以在平面图的基础上通过软件迅速建模，对于很多尺度感不强的初学者，模型可以帮助他们确定空间中各要素的关系。渲染软件的应用更是丰富了园林景观效果图的表达，绘制出来的效果图十分逼真。

最后，越来越多的参数化软件面市，设计也朝着更加科学、更加人性化的方向发展，通过计算机用数据对设计中的光照、温度等进行测算，对创新的设计理念和设备进行模拟，园林景观设计必定能得到突飞猛进的发展。

当然，强大的电脑制图软件并不能完全取代手绘，特别是在方案初期的时候，手绘依旧有不可替代的重要作用。

【实践教学】

实训 2-2　综合运用计算机绘图软件绘制一个园林小广场

一、目的

了解常见园林计算机绘图软件，熟悉计算机绘图的基本步骤。

二、材料及用具

计算机、常用计算机绘图软件（Auto CAD、Photoshop、SketchUp、Lumion 等）。

三、方法及步骤

1. 使用 Auto CAD 绘制平面底图

先按照设计方案，将方案的基本轮廓在 Auto CAD 内勾勒出来。注意，为了在 SketchUp 更快速地建立模型，这里不需要对细节进行刻画，只需要建立一个大致轮廓，方便导入 SketchUp 建模即可。导入 SketchUp 之前要注意检查将各个线段端点闭合，这样才能在 SketchUp 中形成完整的面域（图 2-30）。

2. 使用 SketchUp 建造模型

由于这个方案计划在 Lumion 内完成后期渲染工作，所以在 SketchUp 建模的时候可以尽可能简单，建立模型之后，只需简单区分出不同材质的区域，方便在 Lumion 内设置材质（图 2-31）。

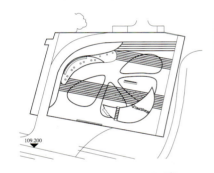

图 2-30　Auto CAD 平面

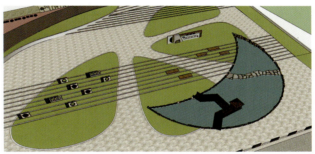

图 2-31　SketchUp 建模

3. 使用 Lumion 进行模型渲染（图 2-32）

图 2-32　Lumion 渲染

4. 导出图片后用 Photoshop 进行最后的处理（图 2-33）

图 2-33　Photoshop 处理

四、成果

综合运用计算机绘图软件绘制一个园林小广场。

2.3　园林模型

  园林模型是将园林中的山石、水体、道路、广场、植物及景观小品等用各种材料按一定比例表现出来的三维空间实体（图 2-34、图 2-35）。千姿百态的园林从整体来看错综复杂，制作模型时无从下手，但如果把它们分解开来看，基本都是由山水地形、园路广场、植物、建筑及景观构筑物等基本要素所构成。要把这些景物做得完整、准确、形象并不是一件轻而易举的事情。园林设计人员需具有艺术修养、绘画技能，熟悉植物品种和环境，掌握一些基本的制作方法，并按一定的次序逐一制作，才能避免产生零乱、返工等现象，从而制作出好的园林模型来。

图 2-34　园林模型（学生作品）

图 2-35　园林模型（专业公司制作）

2.3.1 园林模型的制作工具与材料

2.3.1.1 园林模型的制作工具

园林模型的制作工具有很多种，有电动工具，也有手工工具，其中大部分并不是纯粹的模型制作工具。工具的选择可以灵活一些，不必拘泥于传统的工具。常用的园林模型制作工具见表 2-5 所列。

表 2-5　常用的园林模型制作工具

类别	序号	名称	单位	说明、示例图
测绘工具	1	丁字尺	把	长 90cm 左右
	2	三角板	套	长 30cm 左右
	3	三棱尺（比例尺）	把	测量、换算图纸比例尺度的主要工具。其测量长度与换算比例多样，使用时应根据情况进行选择
	4	曲线板	块	
	5	圆模板	块	
	6	圆规	支	
	7	2B 铅笔	支	绘制放样图
	8	橡皮	块	
切割工具	1	美工刀	把	切割线材和板材，同时可在平面上划痕
	2	剪刀	把	
	3	小木锯	把	切割木质材料的专用工具。此种手锯的锯片长度和锯齿粗细不一，选购和使用时应根据具体情况而定

（续）

类别	序号	名称	单位	说明、示例图
粘贴工具	1	白乳胶	罐	使用白乳胶进行黏接，操作简便，干燥后无明显胶痕，黏接强度较高，干燥速度较慢，适用于黏接木材和各种纸板
	2	U 胶	支	无色透明液状黏稠体。该胶适用范围广泛，使用简便，干燥速度快，黏接强度高，黏接点无明显胶痕，易保存，是目前较为流行的一种黏接剂
	3	502 胶	支	无色透明液体，是一种瞬间强力黏接剂，广泛用于多种塑料类材料的黏接。该黏接剂使用简便，干燥速度快，强度高，是一种理想的黏接剂。该黏接剂保存时应封好瓶口放置，避免高温和氧化而影响胶液的黏接力。不小心沾手时可用卸甲水溶解擦净
	4	透明胶	卷	
	5	双面胶	卷	
打磨工具	1	砂纸	张	根据砂粒目数分为粗、细多种规格。使用简便、经济，适用于多种材质、不同形式的打磨
	2	挫板、挫条	块	用于侧立面及接口的打磨
其他	1	小刷子	把	用于在树干上刷白乳胶，然后撒树粉
	2	毛笔	支	用于涂颜料
	3	白色小方巾	块	清洁、擦除污渍
	4	酒精	瓶	擦除PVC材料上的污渍

2.3.1.2 园林模型的制作材料

园林模型的制作材料有很多种,包括板材类、线材类、绿化类、山石类、材质类、色彩类、成品配件等。常用的园林模型制作材料见表 2-6 所列。

表 2-6 常用的园林模型制作材料

类别	序号	名称	单位	说明、示例图
板材类	1	PVC 板	块	磁白色板材,厚度 0.5~9mm,是当今流行的手工模型的主要材料。材料优点:适用范围广,材质挺括、细腻,易加工,着色力、可塑性强
	2	木板	块	可用于园林模型的木材有椴木、云杉、杨木等,这些木材纹理平直,树节较少且质地较软,易于加工和造型
	3	有机玻璃板	块	分为透明板和不透明板两类。透明板一般用于制作建筑物玻璃和采光部分,不透明板主要用于制作建筑物的主体部分。是一种比较理想的园林沙盘模型制作材料。材料质地细腻、挺括,可塑性强,通过热加工可以制作各种曲面、弧面、球面的造型
线材类	1	圆棒	根	分为木质和塑料两种材质,塑料线材有不可弯曲和可弯曲两种,根据具体情况选用合适的类型和口径。线材一般用于制作池边、路牙、栏杆等
	2	半圆棒	根	
	3	方棒	根	
	4	铁丝	根	

（续）

类别	序号	名称	单位	说明、示例图
绿化类	1	树干	株	不带树叶的树木枝干，根据模型比例选择大小、树形合适的树干
	2	树粉	包	绿色系为主，辅以红、黄、蓝、橙、紫色系
	3	绿篱	块	该材料是以塑料为原料，经过发泡工艺制成，具有不同的孔隙与膨松度
	4	草皮	块	黄绿 中绿 深绿
山石类	1	泡沫	块	
	2	油泥	包	俗称橡皮泥，可以用雕塑的手法，瞬间把建筑物塑造出来。此外，由于该材料具有可塑性强、便于修改、干燥后较轻等特点，模型制作者常用此材料来制作山地的地形
	3	碎石	包	
	4	石膏	包	白色粉状，加水干燥后成为固体，质地较轻而硬，模型制作者常用此材料塑造各种物体的造型。通过喷涂着色

(续)

类别	序号	名称	单位	说明、示例图
材质类	1	纹理贴纸	张	是一种应用非常广泛的装饰材料。该材料品种、规格、色彩十分丰富，主要用于制作地面及墙面的贴面
材质类	2	水纹纸	张	分为静态和动态水纹纸，为带水纹的透明塑料膜
材质类	3	塑料膜	张	厚0.3mm左右，蓝、绿、茶色和透明，制作门窗玻璃时用
材质类	4	屋瓦纸	张	
色彩类	1	水彩颜料	套	
色彩类	2	模型专用颜料	套	
成品配件	1	汽车	辆	
成品配件	2	路灯	个	
成品配件	3	人物	个	
成品配件	4	桌椅	套	

2.3.2 园林模型制作

2.3.2.1 园林模型硬景制作

（1）普通建筑

①确定图纸　要绘制好建筑模型的工艺图，首先要确定建筑模型的比例尺寸，然后按比例绘制出制作建筑模型所需要的平面图和立面图。

②在板材上画线　建筑物可用木板、PVC板等板材制作。将制作模型的工艺图的线稿复制到已经选好的板材上（可利用一张很薄的纸巾作为描图介质）。需要注意的是，图纸在板材上的排料位置要计算好，这样可以节省板料。

③加工镂空的部件　在制作建筑模型时，有许多部位如门窗等是需要镂空工艺处理的。可先在相应的部件上用钻头钻好若干个小孔，然后穿入锯丝，锯出所需的形状。

④部件装饰　在各个大面粘接前，先将墙面贴上相应墙纸，将门窗处理好，再进行黏接。

⑤组合成型　将所有的立面修整完毕后，再对照图纸进行精心黏接（图2-36）。

图2-36　拼接前后的建筑模型

（2）园林建筑（亭廊花架等）

①园亭　制作材料和工具：木板、实木条、双面胶、502胶、白乳胶、大头针等材料；三角板、直尺等绘图工具；美工刀等切割工具。

收集坡顶园亭的相关资料，讨论坡顶园亭的平面布局、立面造型、构造特点。熟悉常见的钢管方通、工字钢、槽钢等型材以及木结构材料的使用特性要求，能把木结构攒尖顶造型或钢结构金字塔造型分解成若干梁、柱、檩条体系。根据设计图样上平、立、剖面图标注尺寸按比例确定坡顶园亭各个构件的下料尺寸。制作过程中切割要细心、精准，粘贴要结实。遇到构件连接出现误差的问题，要认真分析原因，及时修整或替换，保证模型构造合理，比例尺度要符合形式美的观赏效果（图2-37）。

图 2-37　园亭模型

②廊　制作材料和工具：实木条、木板、瓦面纸、铁钉、木螺钉、木工胶、木胶泥（填缝材料）等材料；三角板、直尺等绘图工具；美工刀等切割工具；锉刀、砂纸等打磨工具；锤子、螺钉旋具、钳子、扳手等辅助工具。

对园林木结构坡顶廊的平面布柱尺寸、剖面构造形式、立面外观特点等进行综合分析。结合实木线条、实木板尺寸和榫卯构造连接工艺，确定下料方法。按操作流程分工下料制作，切割要细心，梁柱、檩条等构件连接需要精准对位，榫卯连接或铁钉、螺钉拼装等要结实牢靠（图 2-38）。

图 2-38　廊模型

③花架　制作材料和工具：实木条、木板、铁钉、木螺钉、502 胶、乳胶、木胶泥（填缝材料）等材料；三角板、直尺等绘图工具；美工刀等切割工具；砂纸等打磨工具；

锤子、螺钉旋具、手钳子、扳手等辅助工具。

动手制作前要对园林中常见的木花架、木廊架从平面、立面、构造技术、木结构受力特点等方面进行综合分析。结合实木线条、实木板尺寸、纹理等特点和榫卯构造连接工艺，确定下料方法。制作小组各成员合理分工，按操作流程控制工作进度，切割要细心、精准，无论是榫卯连接还是铁钉、螺钉的固定模式，模型组合拼装都要严丝合缝、结实牢靠。

尝试手工钢丝锯下料的操作技巧，用力要均匀，手眼要配合一致，遇到走线跑偏时要及时矫正锯割角度，力求构件的锯线轨迹笔直，并且与木材画线相吻合，尽可能减少误差和打磨工作量。

梁柱、横条木等榫卯连接构件需要核对互相插入和咬合的尺寸，反复打磨修正直到对位精准；局部用木螺钉或小钉加固时可先用电钻定位打孔，然后均匀用力钉牢紧固，避免过大的震动而使构件受损。

木结构主体建筑的立柱与木板底盘用木螺钉或铁钉固定；对于外观上的一些边角瑕疵，要检查接缝处是否缝隙过大，可采用木胶泥填缝处理方法来保证外观面的平整效果（图 2-39）。

图 2-39　花架模型

（3）道路广场

在制作过程中，除了要明确示意道路外，还要把道路的高差反映出来。可用 1mm 的 PVC 板作为制作道路的基本材料。具体制作方法是：首先按照图纸将道路形状描绘在制作板上，然后用剪刀或美工刀将道路准确地剪裁下来，并用酒精清除道路上的画痕。同时，用选定好的纹理贴纸进行粘贴。粘贴时道路要平整，边缘无翘起现象。如道路是拼接的，要特别注意接口处的黏接，黏接完毕后，还可视其模型的比例及制作的深度考虑是否进行路牙的镶嵌等细部处理。

（4）地形

地形是继模型底盘完成后的又一道重要制作工序。地形的处理，要求模型制作者有高度的概括力和表现力，同时还要辩证地处理好与建筑主体的关系。地形从形式上一般分为平地和山地两种。平地地形没有高差变化，一般制作起来较为容易，而山地地形则不同，因为它受山势、高低等众多无规律变化的影响而给具体制作带来很多的麻烦，一定要根据图纸及具体情况先策划出一个具体的制作方案。

①堆积制作法　具体做法是，先根据模型制作比例和图纸标注的等高线高差选择好厚度适中的板材，然后将需要制作的山地等高线描绘于板材上并进行切割，切割后便可按图纸进行拼粘。待胶液干燥后，稍加修整即可成型（图2-40）。

②拼削法　取最高点向东、南、西、北4个方向等高或等距定位，削去相应的坡度。大面积坡地可由几块泡沫拼接而成，泡沫用乳胶黏接。

（5）假山

①油泥、石膏法　油泥俗称橡皮泥。该材料的特性和纸黏土相同，其不同之处在于橡皮泥是油性泥状体，使用过程中不易干燥。石膏是一种适用范围较广泛的材料。该材料是白色粉状，加水干燥后成为固体，质地较轻而硬，可用此材料塑造各种物体的造型。该材料的缺点是干燥时间较长，加工制作过程中物件易破损。同时，因受材质自身的限制，模型表面略显粗糙。选用油泥或石膏其中一种材料，制成造型设计的假山形状，干燥后喷涂颜料着色（图2-41）。

图 2-40　山地模型　　　　　　　　　图 2-41　假山模型

②碎石堆叠法　采集碎石块，通过黏合，便可堆叠成形态各异的假山，这种做法因采用天然材料，更有质感。

（6）围墙

围墙可分成实体墙与漏空墙，在制作围墙模型时可根据具体情况加以区分。实体墙用料可选用板材，将其裁成一面面墙，再贴上相应的纹理贴纸即可。漏空墙建筑千变万化，但制作模型可以与制作雕塑和小品一样，不必要求与实体一致，只要能给人一种透空墙的感觉即可（图2-42）。

图 2-42　围墙模型

2.3.2.2　园林模型软景制作

（1）水体

水面是各类园林模型特别是园林环境模型中经常出现的软景之一。水面的表现方式和方法，应随着园林模型的比例及风格变化而变化。在制作比例较大的水面时，首先要考虑如何将水面与路面的高差表现出来。通常采用的方法是：先将底盘上水面部分进行漏空处理，然后将透明有机玻璃板或水纹膜按设计高差贴于漏空处，其下再贴上蓝色塑料膜即可。用这方法表现水面，一方面，可以将水面与路面的高差表示出来；另一方面，透明板在阳光照射和底层蓝色透明膜的反衬下，其仿真效果非常好（图 2-43）。

图 2-43　水体模型

（2）树木

树木是绿化的一个重要组成部分。在大自然中，树木的种类、形态、色彩各异，要把大自然的各种树木浓缩到不足楹尺的园林模型中，需要模型制作者有高度的概括力及表现力。制作园林模型的树木有一个基本的原则，即似是非是。换言之，在造型上，要源于大自然中的树木；在表现上，要高度概括。就制作树木的材料而言，一般选用的是泡沫、毛线等。

①用泡沫塑料制作树木的方法　制作树木用的泡沫塑料密度较小，孔隙较大。这种采用大孔泡沫塑料制作树木的方法，属于具象表现方式。所谓具象，实际上是指树木随

模型比例的变化和建筑主体深度的变化而变化的一种表现形式。在制作比例较大的树木时，绝不能以简单的球体或锥体来表现树木，而是应该随着比例尺以及模型深度的改变而改变。

在制作具象的阔叶树时，一般要将树干、枝、叶等部分表现出来。制作时，在事先选好的树干上部涂上白乳胶液，再将涂有白乳胶液的树干部分在泡沫塑料粉末中搅拌，待涂有胶部分粘满粉末后，将其放置于一旁干燥。胶液完全干燥后，可将上面粘有的浮粉末吹掉，并用剪刀修整树形，便可完成此种树木的制作。在制作此类树木时，应该注意以在涂胶液时，枝干部分的胶液要涂得饱满些，在粘粉末后，使树冠显得比较丰满（图 2-44）。

图 2-44　树木模型

在制作针叶树木时，可选用针叶树树粉进行粘粉，最后用剪刀修成树形即成。

②用干花制作树木的方法　在用具象的形式表现树木时，使用干花作为基本材料制作树木是一种非常简便且效果较佳的方法。干花是一种天然植物经脱水和化学处理后形成的花，其形状各异。

在选用干花制作时，首先要根据园林模型的风格、形式选取一些干花作为基本材料，然后用细铁丝进行捆扎，捆扎时应特别注意树的造型，尤其是枝叶的疏密要适中，捆扎后再人为地进行修剪。

（3）绿篱

树篱是由多株树木排列组成，通过剪修而成型的一种绿化形式。在表现这种绿化形式时，如果模型的比例尺较小，可直接使用渲染过的泡沫或绿篱海绵，按其形状进行剪贴即可（图 2-45）。

（4）花坛

花坛也是环境绿化中的组成部分。虽然面积不大，但若处理得当，可起到画龙点睛的作用。制作花坛的基本材料一般选用树粉。

图 2-45　绿篱模型

先用白纸按比例把花坛的形状画出，用白乳胶或胶水涂抹花坛底部，然后分别撒上相应颜色的树粉，撒完后用手轻轻按压，按压后再将多余花粉去掉，便完成了花坛的制作。应该注意的是，选用树粉时色彩应以绿色为主，加少量红黄粉末，从而使色彩感觉上更贴近实际效果（图 2-46）。

图 2-46　花坛模型

（5）草坪

在仿真草皮纸上，按图纸的形状将若干块草坪剪裁好，再贴回底盘上即可。

2.3.2.3　园林模型配景制作（图 2-47）

（1）围栏、扶手

围栏的造型多种多样。由于受到比例尺及手工制作等因素的制约，很难将其准确地表现出来。因此，在制作围栏时，应加以概括。

①划痕制作法　首先，将围栏的图形用美工刀在 1mm 厚的 PVC 板上划痕，然后用选定的广告色进行涂染，并擦去多余的颜色，即可制作成围栏。此种方法制作的围栏有明显的凹凸感，且不受颜色的制约。

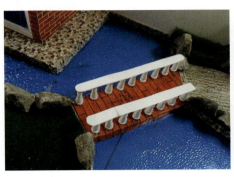

a. 小桥

b. 园桌

c. 人物雕像

d. 海豚雕像

e. 车库

f. 成品桌椅

图 2-47　配景模型

②焊接制作法　在制作大比例尺寸的围栏时，为了使围栏表现得更形象与逼真，可以用金属线材焊接制作。其制作的方法是：先选取比例合适的金属线材（一般用细铁丝或漆包线），然后将线材拉直，并用细砂纸将外层的氧化物或绝缘漆打磨掉，按其尺寸将线材分成若干段，待下料完毕后便可进行焊接。焊接时一般采用锡焊，应选用功率较小的电烙铁。

在具体操作时，先将围栏架焊好，然后再将栅条一根根焊上去即可。用锡焊接时，焊口处要涂上焊锡膏，可使接点平润、光滑。另外，在焊接栅条时，要特别注意排列整齐。焊接完毕，先用稀料清洗围栏上的焊锡膏，再用砂纸或锉刀修理各焊点，最后进行喷漆，这样便可制作出精细别致的围栏。

还可以利用上述方法制作扶手、铁路等各种模型配景。此外，在模型制作中，当要求仿真程度较高时，也可使用一些围栏成品部件。

（2）路牌

路牌是一种示意性标志物，由两部分组成，其中一部分是路牌架，另一部分是示意图形。在制作这类配景时，首先要按比例以及造型将路牌架制作好，然后进行统一喷漆。路牌架的色彩一般选用灰色，待漆喷好后，就可以将各种示意图形贴在路牌架上。在选择示意图形时，一定要用规范的图形，若比例不合适，可用复印机将图形缩印至合适比例。

（3）其他

其他配景如路灯、园桌、园椅、雕像、汽车、人物等也可按比例选购成品部件。

【实践教学】

实训 2-3　园林模型制作

一、目的

了解园林模型制作所采用的材料、工具的种类，并熟悉制作材料和工具的性能及运用，掌握模型制作的方法和步骤，为后续课程奠定坚实的基础。

二、材料及用具

A1 型号 9mm 厚的 PVC 板 1 块、4mm 厚 PVC 板若干、铺装等材料贴纸、蓝色玻璃纸、PVC 塑料白条、小石头、小木棒、树粉、绿篱、草皮纸、502 胶水、U 胶、白乳胶、美工刀、剪刀、铅笔、橡皮擦、黑色墨水笔等。

三、方法及步骤

（1）确定方案图纸，包括平面图、立面图等。

（2）制作底盘。根据图纸的尺寸和模型的比例确定底盘板材的大小，可选用较厚的木板、PVC 板、泡沫或其他板材作底盘，并在底盘平面上描图放线。底盘的厚度应视模型中地形的高低来确定。

（3）制作地形。根据竖向设计堆山体、挖水池并完成道路广场的高程制作，然后分别用各自材料贴面。

（4）制作主体建筑，如大楼、别墅等。

（5）制作园林建筑，如园亭、花架、园廊、洗手间、茶室等。

（6）制作植物，如草地、花坛、绿篱、灌木、乔木等。

（7）制作配景。

（8）添加说明，如模型名称、比例尺、指北针、设计单位等。

四、成果

园林景观模型1个。

【小结】

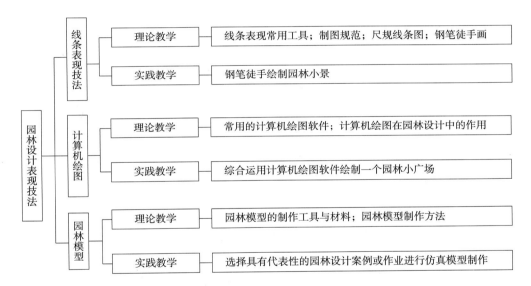

【自主学习资源库】

1. 唐建．2012．景观手绘速训．中国水利水电出版社．

2. 宫晓滨．2015．园林素描．中国林业出版社．

3. 陈祺，衣学慧，翟小平．2014．中国古典园微缩园林与沙盘模型制作．化学工业出版社．

4. http://www.51zxw.net/（我要自学网）

5. http://www.huisj.com/（绘世界）

【自测题】

1. 名词解释

园林仿真模型、PVC板、绿篱模型材料。

2. 简答题

(1) 常见的园林图纸采用的 A 系列图幅尺寸有哪些?

(2) 常见的园林图纸中会签栏、标题栏的尺寸有哪些?

(3) 园林仿真模型的板材材料有哪些?

(4) 园林仿真模型的黏合材料有哪些?

(5) 园林仿真模型的裁剪工具有哪些?

(6) 园林仿真模型中,水池的制作方法是什么?

(7) 园林仿真模型中,假山的制作方法是什么?

3. 综合分析题

(1) 综合分析园林计算机效果图的绘制过程。

(2) 综合分析园林仿真模型的制作过程。

单元 3

园林设计美学与园景创作手法

【知识目标】

（1）了解园林美的概念与特征。

（2）理解各种园林造景手法的含义。

（3）掌握4种园林布局形式。

【技能目标】

（1）能熟练运用园林形式美鉴赏园林作品，会灵活利用园林的形式美法则进行园林创作。

（2）能灵活运用各种园林造景手法在园林设计中巧妙布景。

（3）能熟练运用4种园林布局形式进行规划布局，合理安排景点、景区和游览路线。

3.1 园林设计美学

3.1.1 园林美的概念

3.1.1.1 美学

大自然馈赠给人类形形色色的美，有高山流水、蓝天碧海，有大漠戈壁、险峻冰川。与此同时，人类文明创造了缤纷多彩的美，我们生活在一个审美情趣不断提高的世界中。美是对人而言的，自从有了人类及人类社会，伴随着生产劳动，人们逐渐有了美的意识和美的思想，并通过感觉、知觉、想象、情感、思维等复杂的心理活动产生审美感受。美学作为一门学科，揭示和阐明审美现象，帮助人们了解美、美的欣赏、美的创造的一般特征和规律，提高审美能力和个人修养。

美学的基本范畴，是指美学最一般和最基本的概念，是人们对美认识的结晶，包括：美——揭示美的本质和根源，构成了整个美学的基础；崇高——人类在争取真善美的过程中获得的一种矛盾的、激动不已的愉悦；悲——表现为人的本质力量的实践主体暂时被否定而最终被肯定，代表历史发展方向的实践主体暂时受挫折而终将获得胜利；滑稽——对丑的直接否定中突出人的本质力量的现实存在；优美——实践主体与客观现实和谐统一所呈现出的美。

古今中外许多伟大的哲学家、思想家、艺术家，对美的探索和研究已经有2000多年的历史。春秋战国时期的诸子百家中，已经有了较丰富的美学思想。孔子美学的思想核心是"和"，充分表现了他在美学思想上保守的一面，但对后世影响极大。西方对美的认识和关于美的思想虽然晚于中国，但是，他们的美学思想和美学理论的形成及发展很快，成就也令世人瞩目。美学流派之多，对美的本质的看法也不尽相同，但主要有以下6种。

（1）古典主义——美在物体形式

古典主义认为，美只关乎形象，而形象是由感官（特别是耳目）直接感受的，所以只有凭感官感受的物体及其运动才称得上美。古希腊人一般把美局限于造型艺术，具体地说，只在于整体与各部分的比例配合上，如平衡、对称、变化、整齐等。

（2）新柏拉图主义和理性主义——美即完善

新柏拉图主义和理性主义在支持"美在物体形式"的同时，还要替形式美找出一种名为"理性"的但其实是神学的基础。例如，动物在功能上不同于植物，而动物中牛又不同于马，因此在形体结构上各有不同的模样——认为上帝在创造每一类事物时都分配给它一种功能，为了这种功能，它需要一种相应的形体结构，一件事物符合其所特有的形体结构或模样而完整无缺，就称为"完善"，也就称为美。

（3）英国经验主义——美感即快感，美即愉快

英国经验主义美学思想是西方思想发展史中一个重要的转折点。经验派一方面建立了"观念联想"作为创造想象的根据，另一方面又着重研究人的各种情欲和本能以及快感和痛感，想从此找到美感的生理和心理的基础。这种纯粹的生物学的观点忽视了美与社会生活以及与历史发展的联系，显然是片面的、机械的、简单化的。

（4）德国古典美学——美在理性内容，表现于感性形式

相比"美在物体形式"，德国古典美学认为"美是道德精神的象征"，艺术美的内容与形式的统一体不只存在于主观的思维中，也存在于客观的存在中；"通过审美教育，就可以把这种统一体实现于生活"。

（5）俄国现实主义——美是生活

俄国别林斯基肯定了生活本身就是美，而且把美与真紧密联系在一起，这是符合他的现实主义立场的。

（6）马克思、恩格斯的美学思想——劳动创造了美的事物

在马克思、恩格斯看来，人在生产中，只能改变物质的形态。人通过劳动活动，借助劳动工具使劳动对象发生预定的变化，成为适合人需要的自然的物质。所谓的美的规律，存在于人的有目的的自我实现和客观事物本身的规律的统一之中，并感性地、现实地表现在对事物形式的塑造上。

3.1.1.2 园林美

美学和园林美学是既有联系又有区别的两门学科。美学中一些基本范畴如美、崇高、优美等在园林美学中是基本适用的。但是美学研究一般规律，园林美学则是研究具体规律，美学的任务和园林美学的任务不同。

从美学角度划分，园林美属于自然美的范畴，但不同于单纯自然美的是，园林美烙上了鲜明的人类改造大自然的痕迹，是一种特殊的人造美，而且这种特殊性使得荒山变绿洲、树木被修葺、猛兽被驯服，使得园林成为人类征服自然、支配自然的象征。

（1）园林美的内涵

①以模仿自然山水为目的　把自然的或经过人工改造的山水、植物、建筑等园林要素按照美的规律组成园林的整体美，通过巧妙构思，将人造景观和自然风景合二为一，形成人与自然结合的审美整体，又以空间设计、季相应用等手段来表达审美情趣和人生理想。

②体现诗情画意的内容　体现幽静淡雅的文人趣味或旖旎整齐的田园风光，重视对自然精华的摄取，并运用曲折灵活手法形成有形的轴线和多变的景观，表现园林的曲折美。所谓"曲径通幽处，禅房花木深"，就是表现了园林绰约的风韵。

③表现园林的多元美　以假山、瀑布、小桥、流水、曲径、奇石以及花卉树木等景观，以亭、台、楼、阁、廊、轩、榭、堂等休憩空间，形成可观、可赏、可游、可憩、可

食、可居、可学的人工生态环境，使人的生理和心理得到放松，产生愉悦的心情。

（2）园林美的表现要素

①山美　园林中的山有真有假，承德避暑山庄、北京香山公园都是选址在天然山水秀丽的环境中，进行适当的改造，如重新安排布局，修建园路、梳理花木、修亭建阁，以营造高山流水的景致。假山则涉及叠石，这是我国独创的一门艺术，按其位置，可分为庭山、壁山、楼山、池山等类型。

山石可依不同的石材，不同的形状、色彩、纹饰，将园林划分成不同的空间，营造或娇俏玲珑、或峡谷山涧、或峭拔凌空、或悬崖飞石，给人或雄伟、或秀丽、或奇特、或险峻的美感，引游客登高远眺，游目骋怀，还可回转隧洞，嬉戏题词，趣味无穷。

扬州个园四季假山（图3-1）是叠石中的精品，石笋代表春天；玲珑剔透的太湖石叠成秀丽的夏山；粗犷豪放的黄石以直线线条表现雄伟壮阔的秋景，并配以红枫体现萧瑟的景观；冬山最为精妙，以一块块状似小狮子的象形宣石，叠成高低、疏密、大小相互呼应的冬山，仿佛一只只顾盼生情、憨态可掬的小狮子在雪中嬉戏。故宫花园北门东侧一组山石模仿十二生肖，寓意天下百姓皆为皇家属民，这是我国园林中体现鲜明个性的杰作。

a. 春山

b. 夏山

c. 秋山

d. 冬山

图3-1　扬州个园四季假山

②水美　不论哪一种园林类型，水是最富有生气的元素，灵动活泼。静态水平静无波，表现静水如镜或烟波浩渺的寂静深远，人可欣赏水中倒影、怡然自得的游鱼、睡莲、水中皎洁的明月。动态水如灵动的乐曲，表现辉煌壮阔或川流不息的生命力，如溪流、瀑布、喷泉。

印度泰姬陵（图3-2）在主体建筑泰姬陵前建方直水渠，巧妙地将整座建筑倒影在水中，营造神圣壮观的景色。凡尔赛宫阿波罗喷泉（图3-3）喷水时水花飞溅，整个泉池笼罩在一片水雾中，配合人物雕像更添几分神秘感。

图3-2　印度泰姬陵

图3-3　凡尔赛宫阿波罗喷泉

③建筑美　建筑的本质是人造的生活环境，通过综合运用建筑语言——空间组合、比例、尺度、色彩、质感、体型以及某些象征手法等，构成一个错综复杂如乐曲般丰富的组合体系，形成一定的意境，并以其巨大的体积迫使人们产生共鸣和联想，从而表现出强烈的艺术感染力。

园林建筑不像宫殿庙宇那般庄严，而是采用小体量分散布景。亭台楼阁、廊桥舫坊经过设计师巧妙的构思，运用设计手法和技术处理，集功能、结构、艺术于一体，成为典雅的艺术品。它的魅力，来自于体量、外形、色彩、质感等因素，加之室内布置陈设与外部环境和谐统一，更加强了艺术效果。

拙政园中部左右曲廊回环，大小院落穿插渗透，构成一个完整的艺术空间，小飞虹廊桥连接其他主体建筑，营造出明媚、优雅的江南水乡景致（图3-4）。

图3-4　拙政园小飞虹

④植物美　园林植物是构成园林景物必不可少的要素，树木花卉不仅美化了环境，而且使环境具有诗情画意。园林中的植物在形状、色彩、风格等方面统一布局，栽植的高低、疏密、浓淡、远近、长宽具有交替性和协调性，植物能够随着四季更替产生季相变化，以美的形式使园林植物的形象美和基本特性得到充分的发挥，创造出美的环境。

在历史文化中，一些优美的、个性独特的植物常被歌颂，代表着不同的高尚情操。如植物中的"四君子"——梅、兰、竹、菊。梅傲雪盛放，剪雪裁冰，一身傲骨，是为高洁志士；兰空谷幽放，孤芳自赏，香雅怡情，是为世上贤达；竹（图3-5）筛风弄月，潇洒一生，清雅淡泊，是为谦谦君子；菊凌霜飘逸，特立独行，不趋炎附势，是为世外隐士。此外，杨柳代表离别之情；荷花"出淤泥而不染，濯清涟而不妖"，花大叶丽，清香远溢；牡丹（图3-6）国色天香，是富贵的象征。

图3-5　竹

图3-6　牡丹

3.1.1.3　东西方园林美的差异

公元前6世纪的毕达哥拉斯学派试图从数量关系上来寻找美的因素，著名的"黄金分割"最早就是他们提出的，这种美学思想一直统治欧洲达几千年之久，它强调整体、秩序、均衡、对称，强调圆形、正方形和直线等。欧洲几何式的园林风格，正是在这种"唯理"美学思想的影响下形成的。与西方不同，中国古典园林滋生在中国文化的沃土中，并深受绘画、诗词和文学的影响，带有浓厚的诗情画意色彩（图3-7、图3-8）。

图 3-7　西方园林（法国凡尔赛宫）

图 3-8　东方园林（苏州网师园）

（1）人工美与自然美

西方造园主要是立足于用人工方法改变其自然状态，所体现的人工美，不仅布局对称、规则、严谨，就连花草都修整得方方正正，呈现出一种几何图案美。东方园林则完全不同，既不求轴线对称，也无任何规律可循，相反，却是山环水抱、蜿蜒曲折，力求与自然融合，达到"虽由人作，宛自天开"的境界。

（2）形式美与意境美

在西方，形式美的法则有相当的普遍性，不仅支配着建筑、绘画、雕刻等视觉艺术，甚至对音乐、诗歌等听觉艺术也产生了很大影响。因此，与建筑有密切关系的园林更是将其奉之为金科玉律。西方园林的轴线对称、均衡的布局，精美的图案构图，以及强烈的韵律节奏感，都明显地体现出对形式美的追求。

东方造园则注重"景"和"情"，借景来触发人的情思，从而具有诗情画意般的环境氛围，即"意境"。"曲径通幽处，禅房花木深""山重水复疑无路，柳暗花明又一村""峰回路转，有亭翼然"，这都是极富诗意的境界。

一座好的园林，无论是东方的或是西方的，都必然会令人赏心悦目，但由于侧重点不同，西方园林给人的感觉是悦目，而东方园林则意在赏心。

（3）必然性与偶然性

东西方对比，西方园林以精心设计的图案构成显现出其必然性，而中国园林中许多幽深曲折的景观往往出乎意料，充满了偶然性。

3.1.2　园林美的特征

园林美的特征包括自然美、形式美、艺术美、意境美和生活美5个方面。

3.1.2.1　自然美

园林来源于大自然。大自然中天然形成的景观，如喀斯特地貌、黄山的奇险（图3-9）、钱江海潮、峨眉佛光、黄果树瀑布（图3-10）等，无不展现出自然美。自然美千姿百态、千变万化、引人入胜，以其色彩、形状、质感、声音等引起人的美感。园林中的气象、植物、季相变化，是构成园林自然美的重要因素。

图 3-9　黄山　　　　　　　　　　　　图 3-10　黄果树瀑布

（1）变化性

随着时间、空间和人的文化心理结构不同，自然美常常发生明显或微妙的变化，处于不稳定的状态。朝夕、四季、人的文化素质与情绪，都直接影响自然美的发挥。

（2）多面性

园林中的同一自然景物，可以因人的主观意识与处境而向相互对立的方向转化，例如，有人感叹颐和园壮阔，有人却因此惋惜皇朝的没落。而有时园林中完全不同的两种景物，却能产生同样的效应。

（3）综合性

园林作为一种综合艺术，其自然美常常表现在动静结合，如山静水动、树静风动、物静人动、石静影动、水静鱼动，在动静结合中，往往又寓静于动或者寓动于静。

图 3-11　形式美

3.1.2.2　形式美

形式美展现物体外在的美，其构成因素有材料、质地、色彩、体态、线条、光泽和声响等，表现形态主要有线条美、图形美、体形美、光影色彩美、朦胧美等几个方面（图 3-11）。形式美的法则与规律在本书 3.1.3 节中有详细的介绍，主要包括主与从、对称与均衡、对比与协调、比例与尺度、节奏与韵律、多样与统一等几个方面。

3.1.2.3 艺术美

艺术美是人类对现实生活的全部感受、体验、理解进行加工提炼、熔铸和结晶而形成的，是人类对现实审美关系的集中表现。艺术美通过精神产品传达到社会中，推动现实生活中美的创造，成为满足人类审美需要的重要审美对象。艺术美具有形象性、典型性和审美性。

（1）形象性

形象性是艺术美的基本特征，用具体的形象反映社会生活。

（2）典型性

作为一种艺术形象，虽来源于生活，适于普通的实际生活，但又比普通的实际生活更强烈、更有集中性、更典型、更理想，因此更带有普遍性。

（3）审美性

艺术形象要具有一定的审美价值，能引起人的美感，使人得到美的享受，培养和提高人的审美情趣，提高人的审美素质，进一步提高人们对美的追求和对美的创造能力。

3.1.2.4 意境美

联想和意境是我国造园艺术的特征之一。丰富的景物，通过人们的接近联想和对比联想，达到触景生情、体会弦外之音的效果（图3-12）。例如，在观赏扬州个园四季假山时可以体会到春、夏、秋、冬四季不断地更替和轮回，寓意时间的永恒。

3.1.2.5 生活美

园林作为一个现实的物质生活环境，是一个可观、可赏、可游、可憩、可食、可居、可学的综合活动空间，其布局、空间适用性和尺度应该能保证游人在游园时感到舒适愉悦，产生美的感受（图3-13）。

图 3-12　意境美　　　　　　　　　　图 3-13　生活美

首先应保证园林环境清洁卫生，空气清新，无烟尘污染，水体清透，要创造适合人生活的小气候，使温度、湿度、风、日照的综合作用达到理想的要求。冬季防风，夏季纳凉，一定面积的水面，结合空旷的草地及大面积的庇荫树林，是理想舒适的生活空间。

园林的生活美，还应该有方便的交通、良好的治安保证和完美的服务设施。例如，有安静的休息、散步、垂钓、阅读的场所，有划船、游泳、溜冰等体育活动设施，有各种展览、舞台艺术、音乐演奏等场地。这些都将陶冶人们的情操，给人带来生活的美感。

3.1.3　园林的形式美法则

在现实生活中，人们因所处经济地位、文化素质、思想习俗、生活理想、价值观念等不同而具有不同的审美观念。然而，对于美或丑的感觉在大多数人中间存在着一种基本相通的共识，这种共识是有规律可循的，是可以探求和总结的。形式美法则就是人类在创造美的过程中对这种规律所做的经验总结和抽象概括，从本质上讲，就是变化与统一的协调。

形式美是一切视觉艺术都应遵循的美学法则，贯穿于园林、建筑、绘画、雕塑等在内的众多艺术形式之中。探究园林形式美，能够培养我们对园林形式美的敏感，提高我们的审美感受；能够让我们更自觉地运用园林形式美的法则创造优美的景观环境，达到美的形式与美的内容的高度统一。

运用园林的形式美法则进行创造时，首先要透彻领会不同形式美法则的特定表现功能和审美意义，明确欲达到的形式效果，然后再根据需要正确选择适用的形式法则，从而构成适合需要的形式美。

3.1.3.1　主与从

主体是空间构图的重心或重点，起到主导的作用，其余的客体对主体起陪衬或烘托作用，这样主次分明，相得益彰，才能形成统一的构图。若是主体孤立，缺乏必要的客体衬托，就形成"孤家寡人"，但如果过分强调客体，则喧宾夺主或主次不分，都会导致构图失败。所以，整个园林构图乃至局部构图都要重视这个问题。

颐和园佛香阁位于全园的中线上，是全园的重心，背山面水，坐北朝南，坐落在昆明湖畔地势稍高的地方，在环绕水岸线的任何一处，都能远远地看见佛香阁（图3-14）。印度泰姬陵也是巧妙运用了这种法则。泰姬陵为三段式地毯式园林设计，主建筑泰姬陵位于中轴线的末端，陵墓前有伊斯兰园林典型的方直水渠，陵墓倒影在水中，配以周围的园林景观，在主视位观赏，具有无限的静谧感（图3-15）。

3.1.3.2　对称与均衡

沿着中线折叠，两边能重叠者为对称。均衡是指园林布局中的前后、左右的轻重关系。自然界静止的物体都遵循力学原理（包括重力学原理和杠杆原理），以平衡的状态存在，在园林布局中景物的体量关系应符合这种平衡安定，即均衡。规则式园林多采用对称

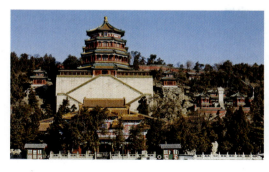
图 3-14　颐和园佛香阁

图 3-15　泰姬陵

均衡的布局形式给人以庄重严整的感觉，自然式园林多采用不对称均衡的布局形式给人以轻松、活泼、自由、变化的感觉。

在园林建设上，往往采用下面大、向上逐渐缩小的方法，来取得稳定坚固感，如我国古典园林中的塔和阁等。另外，园林建筑和山石也常利用材料、质地的不同重量感来获得稳定感。例如，在建筑的基部墙面多用粗石和深色的表面来处理，而上层部分采用较光滑或色彩较浅的材料；在土山带石的土丘上，也往往把大块山石设置在山麓部分而给人以稳定感。由此，人们获得了重心靠下、底面积大的稳定感。

通过平衡的杠杆可以发现，重量与距离成反比关系，重量重的物体距离平衡点近，重量轻的物体距离平衡点远。同样在园林上，两部分在形体布局上不相等，但双方在体量上却大致相当，是一种不等形但等量的均衡形式。也就是说，对称是均衡的，但均衡不一定对称，因此，划分出对称均衡和不对称均衡。

（1）对称均衡

对称均衡又称为静态均衡，就是景物以某轴线为中心，在相对静止的条件下，取得左右或上下对称的形式，在心理学上表现为稳定、庄重和理性。对称均衡在规则式园林中常被采用，如纪念性园林多采用规则对称式布局，古典园林前成对的石狮、槐树，路两边的行道树、雕塑等（图 3-16）。

（2）不对称均衡

不对称均衡又称为动态均衡。不对称均衡的布置小至树丛、散置山石、自然水池，大至整个园林绿地、风景区的布局，给人以轻松、自由、活泼变化的感觉，广泛应用于一般游憩性的自然式园林绿地中（图 3-17）。不对称均衡创作法一般有以下几种类型。

①构图中心法　在群体景物之中，有意识地强调一个视线焦点为构图中心，而使其他部分均与其取得对应关系，从而在总体上取得均衡感。

②杠杆均衡法　又称为动态平衡法。根据杠杆力矩原理，将不同体量或重量感的景物置于相对应的位置而取得平衡感。

③惯性心理法　也称为运动平衡法。人在劳动实践中形成了习惯性重心感，若重心产

图 3-16　对称均衡　　　　　　　　　　　图 3-17　不对称均衡

生偏移，则必然出现动势倾向，以求得新的均衡。人体活动一般在立三角形中取得平衡。根据这些规律，在园林造景中可以广泛地运用三角形构图法、园林静态空间与动态空间的重心处理等，它们均是取得景观均衡的有效方法。

3.1.3.3　对比与协调

对比与协调是运用园林中的某一因素（如体量、色彩、质感等）程度不同的差异取得艺术效果的表现形式，或可称为利用人的错觉来互相衬托的表现手法。差异程度显著的表现称为对比（图 3-18），能彼此对照、互相衬托，更加鲜明地突出各自特点；差异较小的表现称为协调（图 3-19），使其彼此和谐、互相联系，产生完整统一的效果。

图 3-18　对比　　　　　　　　　　　　图 3-19　协调

为了寻求对比中的调和，设计中经常保留一个近似或相似的因素，使对比双方的某些要素相互渗透，利用过渡形在对比双方中设立兼有双方特点的中间形态，使对比在视觉上得到过渡从而得以协调。

①体量对比　同样的物体，放在不同的环境中，给人的体量感觉也不同。放在空旷的广场中，人觉其小，放在室内，会觉其大，这就是小中见大，大中见小。园林中常采用若干小的物体来衬托一个大的物体，以突出主体，强调重点，如颐和园为衬托佛香阁的高大突出，在其周围建了许多小体量的廊。

②方向对比　在园林中，常运用垂直和水平方向的对比，以丰富园景。如山水的对比、乔木和绿篱的对比等都是运用水平与垂直方向上的对比。

③明暗对比　光线照射到物体的不同部位产生阴阳面而形成明暗对比，进而引发游人不同的感受。明，给人开朗活泼的感觉；暗，给人以幽静柔和的感觉。明暗对比强的景物令人有轻快、振奋的感受，明暗对比弱的景物则令人有柔和、沉郁的感受。由暗入明，感觉放松；由明入暗，感觉压抑。

④虚实对比　所谓虚实，可以体现在许多方面，例如：以山与水来讲，山为实，水为虚；以山本身来讲，凸出的部分为实，凹陷的部分为虚；以园林建筑来讲，粉墙为实，廊以及门窗孔洞为虚。虚给人以轻松感，实给人以厚重感，虚实对比产生统一中求变化的效果。虚实既互相对立又相辅相成，园林布局应做到虚中有实，实中有虚。

⑤色彩对比　色彩的对比与调和包括色相和色度的对比与调和。色相的对比与调和是指相对的两个补色产生对比效果，而相邻的两个色相产生调和的效果。色度的对比与调和产生于颜色深浅不同的变化，黑是深，白是浅，深浅变化即是黑到白之间的变化，深浅差异显著的为对比，不显著的则为调和。

⑥质感对比　在园林绿地中，可利用材料质感的光滑与粗糙形成对比，增强效果。如植物之间因树种的不同而产生粗糙与光滑之分、厚实与通透之分；建筑材料则更是如此，如墙面的处理，未经处理的墙面粗糙，抹了灰浆的墙面则很光滑。

⑦相似协调　指形状基本相同的几何形体，其大小及排列不同而产生的协调感。

⑧近似协调　也称为微差协调，指相互近似的景物重复出现或相互配合而产生协调感。

⑨局部与整体协调　可以表现在整个风景园林空间中，如局部景点与整体的协调，也可表现在某一景物的各种组成部分与整体的协调。

3.1.3.4　比例与尺度

比例与尺度是园林绿地构图的基本概念，直接影响园林绿地的布局和造景。

（1）比例

比例有两方面的含义：一是某个园林景物本身的长、宽、高之间的比例；二是园林景物整体与局部或局部与局部之间的体量大小的关系。早在古希腊就已经被发现的、至今仍被世界公认的黄金分割比例 1 : 1.618，正好是人眼的高宽视域之比。

在审美活动中，使客观景物符合人的心理经验，形成一定的比例关系，使人得到美感，这就是合乎比例。17 世纪法国建筑师布龙台认为：某个建筑体当自身各部分之间有相互关联的同一比例关系时，好的比例就产生了。圆形、正方形、正三角形、正方内接三角形等，都可以作为优美比例的衡量标准。

园林的整体或某个景物本身往往也需要遵从一定的比例，方可获得较好的艺术感染力。比如，小型园林中水体往往也较小。某些几何形体本身即具有良好的比例，在园林中的应用容易吸引人的注意。比如，四方亭开间与柱高的比例一般是5：4（图3-20）。

（2）尺度

尺度指的是景观要素特别是提供给人们使用的这一类要素的大小关系。人们在长期的生产实践和生活活动中，一直运用着比例关系，并以人体自身的尺度为中心，根据自身活动的方便总结出各种尺度标准，体现在与衣、食、住、行相关的设施中（图3-21）。从尺度出发，一般要求景物或设施的大小符合人的使用习惯。有时为了获得某些特殊感受，也可适当缩小或放大尺度。比如，亚洲第一高喷泉这种超越人们习惯的尺度，可使人感到雄伟壮观；相反，则可使人感到小巧紧凑，自然亲切。放大或缩小尺度都有一个限度，过分夸张的尺度反而会取得不好的效果。

图 3-20　比例协调的亭子　　　　　　　图 3-21　不同尺度的凳子

3.1.3.5　节奏与韵律

节奏本身指音乐中音律节拍轻重缓急的变化和重复，在设计中则是指同一设计要素连续重复时所产生的运动感。园林设计中也强调这种感觉，特别是在连续的风景构图中，节奏和韵律是取得多样与统一的重要手法。

园林构图中，有规律的重复，有组织的变化，可以在序列重复中产生节奏，并可以在节奏变化中产生韵律。利用这种法则的方法很多，常见的有：简单韵律、交替韵律、渐变韵律、起伏曲折韵律、拟态韵律和交错韵律。

①简单韵律　在连续的风景构图中，由同种因素等距反复出现的连续构图（图3-22）。如行道树、等高等宽的阶梯等。

②交替韵律　由两种以上因素交替等距反复出现的连续构图（图3-23）。如两个树种的行道树、两种不同铺装交替铺设的园路。

图 3-22　简单韵律

图 3-23　交替韵律

③渐变韵律　园林布局连续重复的部分，在某一方面规则地逐渐增加或减少所产生的韵律。如体积的大小、色彩的浓淡、质感的粗细等，也称为渐层，如园林建筑中常见的塔和阁。

④起伏曲折韵律　表现在连续布置的山丘、建筑、道路、树木等起伏曲折变化遵循一定的节奏规律。

⑤拟态韵律　既有相同因素又有不同因素，反复出现的连续构图。如外形相同的花坛布置不同的花卉。

⑥交错韵律　即某一因素作有规律的纵横穿插或交错的连续构图，节奏和韵律是多方向的。如空间的一开一合、一明一暗，景色的鲜艳、素雅，以及热闹、幽静所产生的节奏感。

3.1.3.6　多样与统一

这是形式美的基本法则，其主要意义是要求在艺术形式的多样变化中，要有其内在的和谐与统一关系，既要显示形式美的独特性，又具备艺术的整体性。多样而不统一，必然杂乱无章；统一而无变化，则呆板单调。多样与统一还包括形式与内容的变化与统一（图 3-24、图 3-25）。

图 3-24　多样而统一

图 3-25　多样而不统一

【实践教学】

实训 3-1　风景绘画作品的园林美鉴赏

一、目的

查找书籍或通过现代信息手段找出所喜爱的中式园林山水画一幅、西式园林油画一幅,列表格分析两幅绘画作品,最后总结出两幅绘画作品中园林美的异同,提高园林美的鉴赏水平。

二、材料及用具

中式园林山水画 1 幅、西式园林油画 1 幅。

三、方法及步骤

1. 在图书馆或在网上找出所喜爱的中式园林山水画和西式园林油画各一幅

(1) 中式山水画(图 3-26、图 3-27)。山水画简称"山水",为中国画的一种,以描

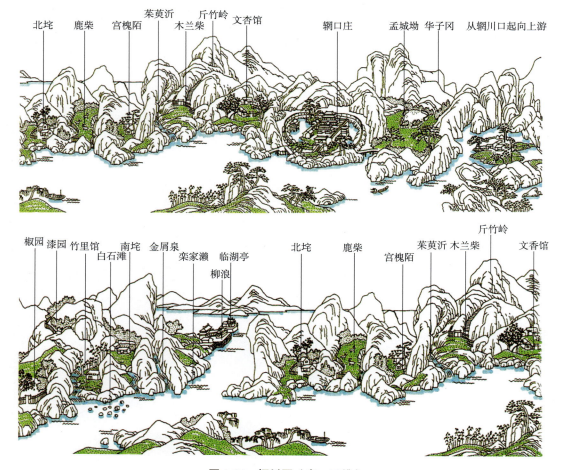

图 3-26　辋川图(唐·王维)

写山川自然景色为主体的绘画。在魏晋、南北朝已逐渐发展，但仍附属于人物画，作为背景的居多；隋唐始独立，如展子虔的设色山水、李思训的金碧山水、王维的水墨山水、王洽的泼墨山水等；五代、北宋山水画大兴，作者纷起，如荆浩、关仝、李成、董源、巨然、范宽、许道宁、燕文贵、宋迪、王诜、米芾、米友仁的水墨山水，王希孟、赵伯驹、赵伯骕的青绿山水，南北竞辉，达到高峰，从此山水画成为中国画中的一大画科。元代山水画趋向写意，以虚带实，侧重笔墨神韵，开创新风；明清及近代，续有发展，亦出新貌，表现上讲究经营位置和表达意境。传统分法有水墨、青绿、金碧、没骨、浅绛、淡彩等形式。

图 3-27　四季山水图之三（南宋·刘松年）

（2）西式油画（图 3-28、图 3-29）。油画的前身是 15 世纪以前欧洲绘画中的蛋彩画，后经尼德兰画家扬·凡·艾克（Jan Van Eyck）（1385—1441 年）对绘画材料等加以改良后发扬光大。后人因扬·凡·艾克对油画艺术技巧的纵深发展做出的独特贡献，誉其为"油画之父"。近代油画多用亚麻子油调和颜料，在经过处理的布或木板上作画，因为油画颜料干后不变色，多种颜色调和不会变得肮脏，画家可以画出丰富、逼真的色彩。油画颜料不透明，覆盖力强，所以绘画时可以由深到浅，逐层覆盖，使绘画产生立体感。油画为西方绘画史中的主体绘画方式，存世的西方绘画作品主要是油画作品。随着时间的发展，油画逐渐生活化，其中最著名的就是《蒙娜丽莎》。19 世纪后期，由于科技发展，许多新材料应用于油画领域，如丙烯颜料、油漆等。

2. 列表格分析两幅绘画作品

①历史背景；②绘画内容；③园林风格；④所表达的意境或精神。

图 3-28 凡尔赛宫藏油画

图 3-29 康斯特布尔油画

3. 运用形式美法则,分析两幅绘画作品中园林美的不同

园林形式美法则有:主与从;对称与均衡;对比与协调;比例与尺度;节奏与韵律;多样与统一。

四、成果

上交方式有两种:第一种,整理成 WORD 格式上交到教师邮箱;第二种,整理成微信推文上传至班级微信群。文件均以"任务名称 – 组名"进行命名。

实训 3-2　鉴赏诗词作品并创作园景效果图

一、目的

东方造园注重"景"和"情",借景来触发人的情思,从而具有诗情画意般的环境氛围,即"意境"。"曲径通幽处,禅房花木深""山重水复疑无路,柳暗花明又一村""峰回路转,有亭翼然",这都是极富诗意的境界。通过鉴赏诗词作品并创作园景效果图,培养园林意境美的美感。

二、材料及用具

描绘古典园林环境的诗词作品两首,园林效果图绘制工具如 A4 复印纸、针管笔、彩铅、马克笔等。

三、方法及步骤

选择意境深远的诗词作品一首,或意境接近的诗词作品两首,根据品会到的意境,绘制古典园林风格的效果图一幅,并为图中的主建筑设计对联。注意形式美法则的运用。

举例:

黄鹤楼位于湖北省武汉市长江南岸的武昌蛇山峰岭之上,为国家 5A 级旅游景区,享有"天下江山第一楼""天下绝景"之称。黄鹤楼是武汉市标志性建筑,与晴川阁、古琴台并称武汉三大名胜。

登黄鹤楼

[唐]崔颢

昔人已乘黄鹤去,此地空余黄鹤楼。

黄鹤一去不复返,白云千载空悠悠。

晴川历历汉阳树,芳草萋萋鹦鹉洲。

日暮乡关何处是?烟波江上使人愁。

《黄鹤楼》之所以成为千古传颂的名篇佳作,主要在于诗歌本身具有的美学意蕴。

一是意中有象、虚实结合的意境美。黄鹤楼因其所在之处武昌黄鹤山(又名蛇山)而得名。传说古代仙人子安乘黄鹤过此(见《齐谐志》),又云费文伟登仙驾鹤于此(见《太平寰宇记》引《图经》)。诗即从楼的命名之由来着想,借传说落笔。仙人驾鹤,本属虚无,而以无作有,言其"一去不复返",则有岁月不再、古人不可见之憾;仙去楼空,唯余天际白云,悠悠千载,正能表现世事茫茫之慨。这几句写出了登黄鹤楼时人们的感受,气概苍莽,感情真挚。

二是气象恢宏、色彩缤纷的绘画美。诗中有画,历来被认为是山水写景诗的一种艺术标准,《黄鹤楼》也达到了这个高妙的境界。首联在仙人乘鹤的传说中,描绘了黄鹤楼的近景,隐含着此楼枕山临江、峥嵘缥缈之态势。颔联在感叹"黄鹤一去不复返"的抒情中,描绘了黄鹤楼的远景,表现了此楼耸入天际、白云缭绕的壮观。颈联游目骋怀,直接勾勒出黄鹤楼外江明朗的日景。尾联徘徊低吟,间接呈现出黄鹤楼下江上朦胧的晚景。诗篇所展现的整幅画面上,交替出现的有黄鹤楼的近景、远景、日景、晚景,变化奇妙,气势恢宏;相互映衬的则有仙人黄鹤、名楼胜地、蓝天白云、晴川沙洲、绿树芳草、落日暮江,形象鲜明,色彩缤纷。全诗在诗情之中充满了画意,富于绘画美。

黄鹤楼送孟浩然之广陵

[唐]李白

故人西辞黄鹤楼,烟花三月下扬州。

孤帆远影碧空尽,唯见长江天际流。

《黄鹤楼送孟浩然之广陵》是唐代伟大诗人李白的名篇之一。这是一首送别诗。李白十分敬爱孟浩然,此番送别,情自依依。然虽为惜别之作,却写得飘逸灵动,情深而不滞,意永而不悲,辞美而不浮,韵远而不虚(图3-30)。

"爽气西来,云雾扫开天地憾;大江东去,波涛洗净古今愁。"此联位于黄鹤楼的大厅,被誉为黄鹤楼二绝之一(图3-31)。

图 3-30　黄鹤楼山水画

图 3-31　黄鹤楼大厅对联

四、成果

古典园林风格的效果图一幅。

3.2 园景创作手法

3.2.1 园林绿地的布局形式

设计者在立意、选址的基础上，构思孕育园林作品的思维活动称为园林布局。园林是由一个个、一组组不同的景观组成的，这些景观不是以独立的形式出现的，而是由设计者把各景物按照一定的要求有机地组织起来，创造一个和谐完美的整体。

园林布局的形式是园林设计的前提和依据，有了具体的布局形式，园林内部的其他设计工作才能逐步进行。

3.2.1.1 园林布局的主要任务

园林布局的主要任务为：确定园林的形式；选取提炼题材，酝酿确定主景与配景；谋划功能分区，绘制分析图；进行点、线、面的构图，组织景点、游览路线和面域；进行视线分析，确定园林空间的组合方式。

3.2.1.2 园林绿地的布局形式

园林布局形式一般可归纳为规则式、自然式、混合式3种基本形式。随着社会的不断进步和发展，不断出现新的园林布局形式，自由式园林就是其中的代表。

（1）规则式

规则式园林又称为整形式园林、几何式园林、建筑式园林、图案式园林，以体现艺术造型美为宗旨。规则式园林分为规则对称式园林和规则不对称式园林，整个平面布局、立体造型以及建筑、广场、道路、水面、花草树木等都要求严整规则。

在18世纪英国出现风景式园林之前，西方园林基本上以规则式为主，其中以文艺复兴时期意大利台地园和17世纪法国平面图案式园林为代表。我国的北京天坛、南京中山陵都为规则式园林。

①规则对称式园林　为西方园林的主要形式，其中以意大利台地园和法国平面图案式园林为代表，其特点是强调整齐、对称和均衡，有明显的主轴线并在轴线两边对称布置景物（图3-32），达到庄严、雄伟、规整、大气、秩序感强烈的效果。

②规则不对称式园林　规则不对称式园林是规则的，所有线条有迹可循，但没有对称轴线，所以空间布局比较自由灵活（图3-33）。植物配置多变化，不强调造型，绿地空间有一定层次和深度。适用于街头绿地、单位附属绿地等小型园林。既富有自由灵活的特点，又能达到图案美的效果。

（2）自然式

自然式园林又称为东方式园林、风景式园林、山水式园林，以体现联想意境美为宗旨。自然式布局无明显中轴线，曲线无轨迹可循，以模仿和再现自然山水景观及植物群落为主,各要素的平面布置和立体构成均较自然(图3-34)。自然式园林以中国古典园林、日本传统园林和英国风景园林为代表,自然、优雅、含蓄。

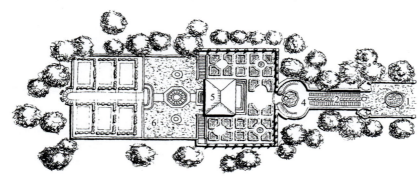

1. 入口广场
2. 坡道及蜈蚣形跌水
3. 岩洞
4. 第二台层椭圆形广场及水池
5. 主建筑
6. 第三台层花园

a. 平面图

b. 入口广场

c. 主建筑周边花园

图 3-32 规则对称式园林(意大利法尔奈斯庄园)

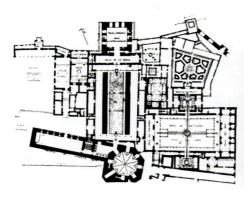

a. 平面图

b. 实景

图 3-33 规则不对称式园林(阿尔罕布拉宫)

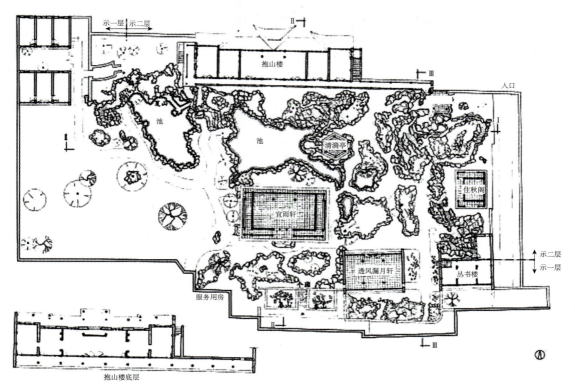

a. 平面图

b. 实景

c. 实景

图 3-34 自然式园林（扬州个园）

规则式园林与自然式园林的园林要素对比如表 3-1 所列。

表 3-1 规则式园林与自然式园林的园林要素对比

园林要素	规则式园林	自然式园林
地形地貌	以平坦或较平缓地形为主	以富于变化的地形为主

（续）

园林要素	规则式园林	自然式园林
水体	水体轮廓为几何形，驳岸笔直，多用垂直驳岸。以水池、壁泉、喷泉、瀑布为主，运用雕塑配合喷泉作为水体的主体	水体轮廓为自然曲线，多以山石驳岸为主
建筑	采用规则均衡的布置手法	不对称均衡布局，以导游路线控制全园
道路广场	道路平面运用规则式线条，如直线、规则曲线等；广场呈规则几何形，如正方形、长方形、圆形、椭圆形、正多边形等	道路结合地势，蜿蜒曲折；广场呈不规则形状
植物种植	强调成行等距离排列或有规律地简单重复；把植物材料修剪成各种几何图案	种植配置反映植物群落自然错落之美，植物形体呈现其自然优美的姿态，不做过分修剪

（3）混合式

混合式园林（图3-35）又称为折中式园林、交错式园林，以体现折中融合美为宗旨。混合式园林综合运用了规则式园林和自然式园林的特点，将两者有机结合起来，既有整齐明朗、色彩鲜艳的规则式部分，又有丰富多彩、变幻无穷的自然式部分。

判断一个园林是否为混合式园林的标准，是衡量规则式部分和自然式部分是否大致相等。若大致相等，则属于混合式园林；若不是大致相等，以偏向规则式或自然式来定。比如，颐和园3/4的面积是自然式的湖区风光，1/4的面积是规则式的宫殿群风光，则颐和园总体还是属于自然式园林。

混合式园林有以下两种混合手法：

①同一绿地中的混合布置　将规则式园林和自然式园林的特点运用于同一园林绿地中，交错布置。

②不同景区不同形式的混合布置　这种混合的形式最为常见，将园林分为若干个景区，一部分采用规则式，一部分采用自然式。如广州起义烈士陵园（图3-35），既有庄严规则的陵墓区，又有湖光山色的游览区。

适用于综合地形，在平坦处作规则式布置，在起伏不平的丘陵、山谷、洼地等处安排成自然式布局。应注意不同形式的区域之间的过渡和联系要自然，使整体环境协调统一，避免生硬而突然的变化。可设置过渡区域来联系不同形式的部分。

（4）自由式

自由式园林（图3-36）又称为抽象式园林、意象式园林或现代园景式园林，以体现自由意象美为布局宗旨。它是融传统意象与现代园景于一体的新型园林布局形式，由我国沈葆久先生提出，主要的观点是运用几个图形和线条去划分空间，然后通过对这些图形和种植（或铺装）后的色块来表达一定意思的造景方式。

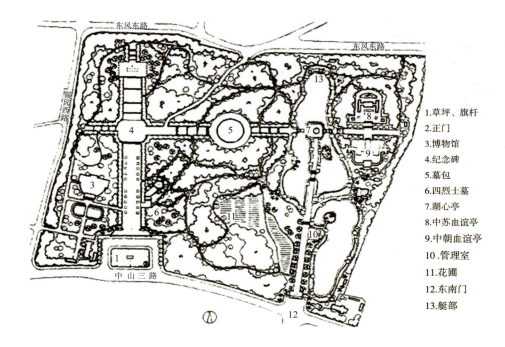

a. 平面图

1. 草坪、旗杆
2. 正门
3. 博物馆
4. 纪念碑
5. 墓包
6. 四烈士墓
7. 湖心亭
8. 中苏血谊亭
9. 中朝血谊亭
10. 管理室
11. 花圃
12. 东南门
13. 艇部

b. 实景

图 3-35　混合式园林（广州起义烈士陵园）

　　自由式园林多用于现代园林绿地，以广阔、壮丽、大方的现代园林景观，创造适合静赏、动观和俯瞰的景观，蕴含丰富之美，形式是全新的，意境仍在其中。线条比自然式园林更流畅而有规律，比规则式园林更活泼而有变化。形象生动、亲切而有气韵，具有强烈的时代气息和景观特质。

a. 鸟瞰图　　　　　　　　　　　　　　b. 平面图

图 3-36　自由式园林（广州番禺儿童公园）

3.2.1.3　园林布局形式的选择

一块园林绿地，选择怎样的布局形式，与规划用地的环境、面积、地形等有关（表3-2）。

表 3-2　园林布局形式的选择

项目情况	自然式园林	规则式园林
周围环境较为整齐规则，或气氛热闹时		√
周围环境复杂多变，相对安静时	√	
平坦的地形和丘陵缓坡地形		√
有山有水、地形起伏的环境	√	
面积较小、外形规整地块		√
面积较大、外形复杂地块	√	
以游人活动为主的较为热闹的活动环境		√
以休息为主的较为安静的活动环境	√	
突出观赏性的内容		√
突出游览性的内容	√	

3.2.1.4　园林布局的一般原则

（1）意在笔先

古人云：造园之始，意在笔先，园林绿地构图应先确定主题思想（泛指意境）。最早正式提出"意境"一词的是唐代诗人王昌龄。他在《诗格》中提到，诗有三境，一曰"物境"，指山水美；二曰"情境"，指亲身经历的情感体验；三曰"意境"，指心理活动。

（2）科学可行

要根据具体的工程技术、生物学要求进行构图。例如，园路设置不走回头路，建筑西边配置喜光植物而阴暗角落配置耐阴植物。

（3）符合实际

根据园林绿地的性质、功能确定其设施和形式，不同的性质、功能应该有不同的布局形式。如城市动物园以展览动物为主，兼有科普作用，除提供游憩需要的少数服务性建筑外，一般不设大型活动场地，为配合动物生活的需要，常为自然式布局。

（4）符合形式美法则

按照功能进行分区，各区要各得其所，景色分区要各有特色，化整为零；园中有园，互相提携又多样统一；既分隔又联系，避免杂乱无章。各园要有特点、有主题、有主景；要主次分明，主体突出、配景扶持，避免喧宾夺主。

（5）因地制宜

根据地块的具体情况，结合周围景色和环境，巧于因借，做到"虽由人作，宛自天开"，避免矫揉造作。

（6）富有诗情画意

诗和画把现实风景中的自然美提炼为艺术美。把诗画中的意境搬回园林造园中，利用所设计的现实风景提高诗和画的境界，起到触景生情、情景交融的作用。

3.2.2 园林造景手法

园林造景就是在特定园林环境中综合运用多种艺术手法，合理组织各种园林素材，人为创造出来的具有艺术审美价值的景观形象和空间境域的活动。造景是园林设计的主要内容。常用的造景手法可概括为8种。

3.2.2.1 主景与配景

各种创作艺术中，首先要确定主题与副题、重点与一般、主角与配角、主景与配景等，其实质为确定主从关系。景无论大小均有主景和配景之分，就整个园林而言，主景是全园的重心、核心，它是空间构图中心，往往体现园林的功能与主题，是全园视线的控制焦点，具有强烈的艺术感染力。

主景一般包括两方面的含义：一指全园主景；二指局部空间的主景。以颐和园为例，全园的主景是佛香阁排云殿一组建筑，但颐和园的园中园谐趣园里的主景却是涵远堂。

配景起烘托作用，像绿叶衬红花一样，可突出主景。突出主景的手法一般有以下5种：

（1）升高或降低主景

升高主景，可产生仰视的观赏效果，鲜明地突出主景的造型和轮廓，有鹤立鸡群的艺术感染力，并能以蓝天、远山为背景，使主体造型轮廓突出鲜明，不受或少受其他因素的影响。如人民英雄纪念碑（图3-37）、颐和园前山的佛香阁、法国凡尔赛宫路易十四的雕像，便是严格控制在中轴线的高台上。当然，降低主景也可以达到突出主景的效果，一般下沉广场多用此法。

（2）运用轴线或风景视线的焦点布景

一条轴线的端点或几条轴线的交点常有较强的表现力，故常把主景布置在轴线的端点或几条轴线的交点上，使主景更为醒目。纪念式广场和纪念式园林常用这种手法，如广州起义烈士陵园、南京雨花台烈士陵园、美国华盛顿纪念性园林、天安门广场、法国凡尔赛宫等。

（3）动势向心法

动势向心法也称为"百鸟朝凤"法、"烘云托月"法，即把主景设置于周围环境的动势集中处（图3-38）。一般周围环抱的空间，如水面、广场、庭院等，往往具有向心的动势，把主景布置在动势集中的焦点上就能被突显出来。如杭州的三潭印月、承德避暑山庄的金光塔、北京北海公园琼华岛上的白塔等。

图3-37　主景升高法（人民英雄纪念碑）

图3-38　动势向心法

在自然式园林中，四周围绕土山和树林的草地属于假山环拱的四合空间，在四合空间视线交汇点上布置主景，如花池、水景、假山、建筑等，即可起到突出主景的作用。

（4）构图重心位置

把主景置于园林空间的几何中心或相对重心位置，使全局规划稳定适中。三角形、圆形、矩形等图案的重心为图形的几何中心；自然式园林的重心非几何中心，因为自然山水的视觉重心忌居正中，而应设于自然重心上。在构图重心的处理上，园林和山水画师出一脉。

（5）渐变法

如很多文学作品一样，园林景观序列的布置以序幕、发展、转折、高潮最后到结局的顺序安排，引出主景，起到引人入胜的作用。

3.2.2.2　层次与景深

没有层次就没有景深。中国园林，无论是建筑围墙，还是花草树木、山石水景、建筑空间等，都善于运用丰富的层次变化来增加景深（图3-39）。景深一般分为前景、中景、背景3个层次，主景往往设置于中景的位置。当主景缺乏前景或背景时，就需要添景，以增加景深，丰富层次。尤其是园林植物的配置，常利用片状混交、立体栽植、群落组合及季相搭配等方法，以取得较好的景深效果。

3.2.2.3 借景与添景

（1）借景

有意识地把园外景物"借"到园内可透视、感受的范围中来，称为借景（图3-40）。借景可使风景画面的构图生动，能够突破园界，扩大园林空间，增添变幻。一座园林的面积和空间是有限的，为了丰富游赏的内容，扩大景物的深度和广度，除了运用多样统一、迂回曲折等造园手法外，设计者还常常运用借景的手法，收无限于有限之中。

图3-39　层次与景深

图3-40　借景

《园冶》这样评述借景的重要性："借者，园虽别内外，得景则无拘远近，晴峦耸翠，绀宇凌空，极目所至，俗则屏之，嘉则收之……斯谓巧而得体者也。"就是说借景能使可视空间扩大到目力所及的任何地方，在不耗费人力、财力，不占用园内用地的情况下，极大地丰富园林景观。

借景的方法：

①远借　远借就是把园林外远处的景物组织进来，所借的可以是山、水、树木、建筑等。远借成功的例子很多，如北京颐和园远借玉泉山的宝塔、苏州拙政园远借北寺塔、无锡寄畅园借惠山之景、济南大明湖借千佛山之景等。为使远借获得更多景色，要充分利用园内有利地形，开辟透视线，也可堆叠高地，于山顶设亭或高敞建筑。

②临借　临借就是把临近的景物组织进来，周围的景物，无论是建筑还是花木，只要是能够成景的都可以借用。如苏州沧浪亭园内缺水，而临园有河，则沿河做假山、驳岸和复廊，不设封闭围墙，从园内透过漏窗领略园外河中景色。园外也可观园内，园内外融为一体。若邻居有一枝红杏、一株绿柳、一座小山亭，亦可对景观赏，或者设漏窗借取，这就是"一枝红杏出墙来""杨柳宜作两家春""宜两亭"等布局手法。

③仰借　仰借即利用仰视借取园外高大景物，如塔、山峰、大树等，南京玄武湖借景鸡鸣寺便属于仰借。仰借容易导致视觉疲劳，所以观赏点应设亭台座椅。

④俯借　俯借即利用俯视借取园外低处的景观，登高四望，将四周景物尽收眼底。俯

借的景物甚多，如江湖原野、湖光倒影等。

⑤应时而借　应时而借即利用四季交替、景物变化配合而成的景观。一天之中，有日出日落、晓星夜月；一年之中，有春光明媚、夏之葱郁、秋天丽日、冬日冰雪。不同时间，所借的景物自然不同。众所周知的"苏堤春晓""曲院风荷""平湖秋月""断桥残雪"等便是应时而借。

（2）添景

与借景不同，添景是为使某处园景丰富完美，在其景物疏朗、层次不足之处增添景物的造景手法（图3-41）。一般多用建筑小品、景石、雕像、造型优美的树木等充当添景。

3.2.2.4　分景与隔景

分，将空间分开之意；隔，将景物隔离之意。两者类似但略有不同。

（1）分景

我国园林多含蓄有致，忌"一览无遗"，所谓"景愈藏，意境愈大；景愈露，意境愈小"。为此目的，我国园林多采用分景的手法分隔空间，使之园中有园，景中有景，湖中有湖，岛中有岛，园景虚虚实实，空间变化多样，景色丰富多彩（图3-42）。

（2）隔景

为使景区、景点都有特色，避免各景区的互相干扰，可隔断部分视线和游览路线，使空间"小中见大"（图3-43）。

图3-41　添景

图3-42　分景

图3-43　隔景

3.2.2.5 对景与障景

（1）对景

对景指静观或动观时安排在游人正前方的景物，借以免除视觉中的寂寞感（图3-44）。静观的对景一般是休憩设施附近的景物，如休憩建筑除了供人停留休息外，还有景可赏。动观的对景是指在道路端头或转弯处安排简单有趣的景物，使游览者在路上移动时受其吸引，感到前方有景可赏，心情上稍有安慰。

（2）障景

障景指在园林入口处安排一些景物，将全园风景做适当的遮掩，免于一览无遗的抑景手法（图3-45）。这也是东方园林的传统艺术手法，讲究"欲扬先抑"，也主张"俗则屏之"。障景多用山石、植物或建筑处理。

图 3-44　对景　　　　　　　　　　图 3-45　障景

3.2.2.6 框景与漏景

（1）框景

凡利用门框、窗框、树框、山洞等，有选择地摄取另一空间的优美景色，恰似一幅嵌于框中的立体风景画，称为框景（图3-46）。框景的作用在于把园林绿地的自然美、绘画美与建筑美高度统一，高度提炼，最大限度地发挥自然美的多种效应。

（2）漏景

漏景由框景发展而来，利用漏花图案，使景色若隐若现，有"犹抱琵琶半遮面"之感，含蓄雅致（图3-47）。漏景是空间渗透的一种主要方法。漏景不仅限于漏窗看景，还有漏花墙、漏屏风等。

3.2.2.7 点景与题景

（1）点景

点景是点明景物主题的造景方法（图3-48）。在风景园林空间布局中，主景定位后，可通过在视线焦点或景区转折点上设置山石、植物、建筑和雕像等,打破空间的单调感,增添园林意趣,起到点题的作用。

图 3-46 框景

图 3-47 漏景

图 3-48 点景

图 3-49 题景

(2)题景

园林造景时根据园林空间的性质、用途、主题,结合空间环境的景象和历史,进行高度的概括,给景观题名或对景观咏赞,这种造景方法称为题景(图 3-49)。具体形式有匾额、对联、石碑、石刻等。好的题景既增添了赏景内容,增加了园林的诗情画意,又点出了园景的主题,给人以艺术联想,而且有宣传、装饰和导游的作用。

3.2.2.8 朦胧与烟景

朦胧、烟景两种造景手法与中国画一脉相承,指在园林中巧用气候因素,创造出烟雨朦胧的景观(图 3-50、图 3-51),是一种独特的造景手法。如避暑山庄的"烟雨楼",因处于水雾烟云之中,而再现了浙江嘉兴南湖的云烟之美。此外,北京北海公园的"烟云尽态"景点、甘肃天水的麦积烟雨之景,还有峨眉云海的朦胧之美等,皆属于朦胧与烟景。

图 3-50　朦胧

图 3-51　烟景

【实践教学】

实训 3-3　拍摄 4 种园林布局形式的现场照片

一、目的

通过拍摄不同园林布局形式的图片，分辨出不同的园林布局形式，掌握不同园林布局形式的特点。

二、材料及用具

照相机、计算机。

三、方法及步骤

分小组进行，4 人一组，每人负责拍摄一种园林布局形式的现场照片，地点可选校内或校外。拍摄时记录拍摄地点、拍摄时间、摄影师，并分析其园林布局属于哪种形式。

四、成果

成果上交方式有两种：第一种，整理成 WORD 格式上交到教师邮箱；第二种，整理成微信推文上传至班级微信群。文件均以"任务名称 - 组名"进行命名。

实训 3-4　园林造景手法在苏州拙政园和北京颐和园的应用

一、目的

通过分析苏州拙政园、北京颐和园等经典的江南园林和皇家园林，深入领会各种园林造景手法。

二、材料及用具

互联网、计算机。

三、方法及步骤

分小组进行，4 人一组，识读苏州拙政园和北京颐和园的平面图，查找资料，找出园林造景手法在苏州拙政园和北京颐和园的应用。

四、成果

分小组制作图文并茂的 PPT 进行汇报。

【小结】

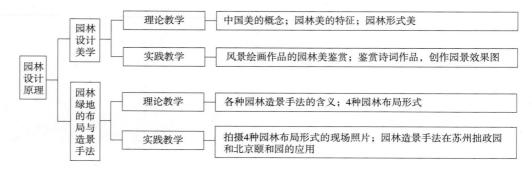

【自主学习资源库】

1. 余树勋. 2006. 园林美与园林艺术. 中国建筑工业出版社.
2. 计成. 2010. 园冶图说. 山东画报出版社.
3. http：//www.ddove.com/（定鼎网）
4. http：//www.iarch.cn/（专筑网）
5. https：//www.gooood.cn/（谷德设计网）

【自测题】

1. 名词解释

园林形式美、园林布局形式、杠杆平衡法、自由式园林、障景、对景。

2. 简答题

（1）美学流派之多，对美的本质的看法也不尽相同，但主要的看法有6种，分别是哪些？
（2）园林美的内涵有哪些？
（3）园林美的表现要素有哪些？
（4）东、西方园林美有哪些差异？
（5）园林美的特征有哪些？
（6）园林形式美有哪几个方面？
（7）园林形式美中的对比有哪几种手法？
（8）园林形式美中的比例与尺度有什么区别？
（9）园林绿地的布局形式有哪几种？
（10）混合式园林的两种混合手法分别是什么？
（11）园林布局的一般原则有哪些？
（12）常用的园林造景手法有哪些？

3. 综合分析题

（1）北京颐和园既有规则布置的建筑群，也有以水体为主的游览区域，颐和园总体属于哪种布局形式？
（2）运用所学知识，分析所在校园的园林景观造景手法。

单元 4

园林设计构成基础

【知识目标】

（1）掌握形态平面构成、立体构成和色彩构成的基本知识。

（2）了解三大构成在园林设计实践中的应用。

【技能目标】

（1）能熟练运用平面构成、立体构成和色彩构成的知识分析园林构图。

（2）能够在园林设计实践中综合运用三大构成。

所谓构成,是指将各种形态和材料进行分解,作为素材重新进行有序组织,从而得到新的形态的方法。构成是创造形态的方法,强调"要素进行组合"的核心思想,研究如何创造形态、形与形之间怎样组合,以及形象排列的方法等。实际上,人类所有的创造即是对已知要素进行重构。大到宏观宇宙世界,小到微观原子世界,不同形态虽然都有不同的组合形式和结构关系,但是它们都可以看作是由不同的要素按照一定的规律组成的。于是,人们将形态分解为各种要素,然后研究这些要素及它们之间的组成关系,再按照一定的形式美的规律进行组合,就可得到新的形态。"构成"的概念最早起源于德国 1919 年成立的包豪斯设计学院。包豪斯设计学院是现代设计的发源地,它的设计理念强调设计艺术与技术和谐统一,摒弃了传统的纯艺术与实用艺术分界的限制。在教学过程中,除了使学生受到艺术家的教育外,还聘请工厂里的技师对学生进行实用技术和材料的教育,培养学生的创造性思维能力和动手能力,同时要求学生参加社会实践活动,使设计不脱离社会。这一教学模式逐渐形成其自身的教育思想和教育体系。

20 世纪 70 年代末,随着我国改革开放和经济的不断发展以及科学技术的不断进步,现代设计的教育逐渐被重视,包豪斯的教育理论和教育思想开始被采用,受其影响产生的构成理论成为一个新的造型原则,现在已经成为我国现代设计教学的重要基础课程之一,并在工业设计、建筑设计、园林设计、室内设计、视觉传达设计等领域得到广泛应用。

构成从形式上分,有平面构成、立体构成和色彩构成。

4.1　平面构成

平面构成是最基本的造型活动之一,它具有造型领域共有的基本内容,作为现代技术美学应用于设计领域,主要研究二维空间的形象、形式。平面构成作为造型训练的一种方法,打破了传统美术的具象描绘方法,主要从抽象形态入手,训练形态抽象的思维方式,通过这种思维方式的开发,培养创造观念,开拓设计思路。在这种创造观念指导下进行的设计活动,是一种偏重理性、逻辑性的思维活动。

综上所述,可以把平面构成定义为:在二维平面内创造理想形态,或是将既有形态(包括具象形态和抽象形态)按照一定法则进行分解、组合。

4.1.1　平面构成的基本要素

平面构成的形成和变化依靠各种基本元素构成,这些基本元素主要有以下几大类。

4.1.1.1 点

（1）点的概念、种类和作用

点一般用来表示相对的空间位置，它没有指向性和具体的尺度，是相对周围环境所定义的一个相对概念。在自然形态和人为形态中，点具有可视特征，一般是把物象进行浓缩或简化而成。

在构图布局中，点具有很强的调节和修饰作用。在几何学中，点只表示位置，没有长度和宽度及面积。但是在实际构成中，至于面积多大才能定义为点，要靠与其周围的形象比较而定，如一个广场本身是巨大的，但在广阔的城市中却成为一个小点。

在视觉形态上，点的形态不是单一的。自然界中存在的任何形态与周围的形象比较，只要在空间中具有视觉的凝聚性，而成为最小的视觉单位时，都可以形成点的形态。从点的外形上看，点有规则式和不规则式两种，规则式点是指那些严谨有序的圆点、方点、三角形点等，不规则式点则指外形通过随意变化产生的点。

点是视觉的中心，也是力的中心，在画面上具有集中和吸引视线的作用。当画面上有两个点或者几个点时，它们之间的视觉张力就会介于其间的空间，产生视觉的连续性，从而有线的感觉（图4-1）；点的连续可以产生虚线，而当画面上有较多的点时，点的集合就会产生虚面的感觉（图4-2）；点的大小不同时，视觉感应是不一样的，大的点首先被视觉注意到，然后视线会逐渐由大的点转移到小的点，最后集中在小的点上，而且越小的点积聚力越强。

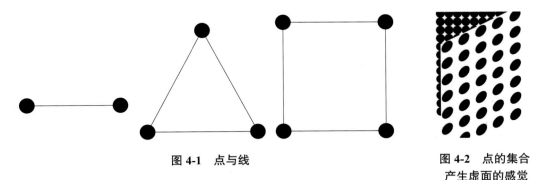

图4-1　点与线　　　　　　　　图4-2　点的集合产生虚面的感觉

（2）点的情态特征

点有一种跳跃感，能使人产生各种生动的联想，如联想到球体、植物的种子等；点的排列还能造成一种动感，产生有规律的节奏和韵律；不同大小和疏密的点排列，可以产生膨胀或收缩、前进或后退的运动感（图4-3）。

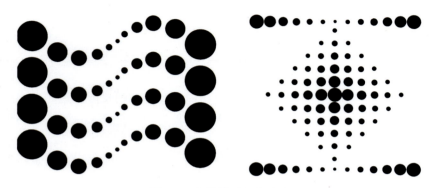

图 4-3　点的排列产生动感

（3）点在园林设计中的运用

园林设计中的植物、亭、塔、雕塑、小品、水景等有一定位置的均可以视为点。在园林设计中可以运用点的特性来对景物进行设计和创造，达到园林设计的目的。主要方法包括以下几种：

①运用点的积聚性及焦点特性，创造景观的空间美感和主题意境　点具有高度积聚的特性，且很容易形成视觉的焦点和中心。点既是景的焦点，又是景的聚点，小小的一点可以成为景观中的主景。在构思设计时，要极其重视点的这一特性，要画龙"点睛"。

这种手法的表现可以运用以下两种方式：一是在轴线的节点上或者轴线的终点位置，往往设置主要的景观要素，形成景观的重点，突出景观的中心和主题。例如，在烈士公园轴线上布置主题建筑（图 4-4）。在西方古典园林轴线上也会将大型雕塑和喷泉作为视觉焦点。二是利用地形的变化，在地形的最突出部分设置景观要素。例如，在山顶上布置

图 4-4　长沙烈士公园主题建筑形成视觉焦点

图 4-5　山顶布亭

亭（图4-5）、塔等。三是在构图的几何中心如广场中心、植坛中心等布置景观要素，使之成为视觉焦点。

②运用点的排列组合，形成节奏感和秩序美　点的运动、分散与密集可以构成线和面，同一空间不同位置的两个点，点与点之间会产生心理上的不同感觉：疏密相间，高低起伏，排列有序，具有明显的节奏韵律感。在景观中将点进行不同的排列组合，同样能构成有规律、有节奏的造型，具有特定的意义和意境（图4-6、图4-7）。

图4-6　排列有序的植物布点　　　　　图4-7　疏密相间的植物布点

③散点构成在园林中的视觉美感　散点构成如同风格多样的散文、旋律优美的轻音乐，在景观环境中布置一些散点，可以增强环境自由、轻松、活泼的特性。有时由于散点所具有的聚集和离散感，往往可以给景观带来如诗的意境。散点往往采用石头、雕塑、喷泉和植物的形式出现在景观环境当中（图4-8）。

点具有活泼、动感的特征，视觉效果较强，可以营造出活跃的空间氛围，但正是由于这个特点，在园林设计中要谨慎使用，否则可能造成凌乱和繁杂的感觉，给人们的视觉和心理造成不舒服的感受。

图4-8　散置山石构成在园林中的视觉美感

4.1.1.2　线

（1）线的概念、种类及特点

线是点运动的轨迹，面与面相交也能形成线。线是具有位置、方向和长度的一种几何体，可以把它理解为点运动后形成的。与点强调位置及聚集不同，线更强调方向及外形。在几何学中，线只有长度和方向而没有宽度。但是在平面构成中，线在画面上是有粗细之分的。

线的种类很多，从线的形态上一般可以将其分为直线和曲线两种基本形式，并且不同形式的线又有粗细之分。直线又可以分为水平线、垂直线、斜线和折线几种常用的形式，曲线中常用的形式有自由曲线和规则曲线两种（图4-9）。

图4-9　不同形态的线

线是平面构成中最重要的元素。首先，线具有很强的表现力，两条线相交可以产生点的形态，同时线是面的边界，一系列的线排列可以产生虚面的形态，因此，线可以表现任何形体的轮廓、质感和明暗；其次，不同形式的线可以表示不同的情态特征，如轻重缓急、纤细流畅、稳重有力等。

（2）线的情态特征

直线具有男性的特征，它有力度、相对稳定。水平的直线容易使人联想到地平线。直线的适当运用对于作品来说，有标准、现代、稳定的感觉，常运用直线来对不够标准的设计进行纠正。适当的直线还可以分割平面。水平线有平和、安宁、寂静之感，使人联想到风平浪静的水面和远处的地平线；垂直线则有庄重、崇高、上升之感，使人联想到广场的旗杆、垂直的柱子等；粗直线表现力强，显得有力、厚重、粗笨，相反，细直线则显得秀气、锐利。

曲线富有女性特征，给人以柔软、优美和弹力的感觉，曲线的整齐排列会使人感觉流畅，让人想到自然河流、地形等，有强烈的心里暗示作用，而曲线的不整齐排列会使人感觉混乱、无序和自由，自由曲线则具有自然延伸、流畅及富有弹性的美。在实际应用中，徒手绘制的线能给人以自然流畅之感，借助工具绘制的线则显得理性和生硬，所以在做园林设计方案之前往往会进行手绘草图的练习。在园林设计中有相对长度和方向的园路、长廊、围墙、栏杆、溪流、驳岸、曲桥等均为线。

（3）线在园林设计中的运用

①直线在园林设计中的运用　直线在造型中常以3种形式出现，即水平线、垂直线和斜线。直线本身具有某种平衡性，虽然是中性的，但很容易适应环境。在景观中，直线具有重要的视觉冲击力，但直线过分明显则会使人产生疲劳感。因此，在园林设计中，常用折线的对景对直线进行调整和补充（图4-10）。

水平线平静、稳定、统一、庄重，具有明显的方向性。水平线在景观中应用非常广泛，直线形道路、直线形铺装、直线形绿篱、水池、台阶等都体现了水平线的美。

垂直线给人以庄重、严肃、坚固、挺拔向上的感觉。园林设计中，常用垂直线的有序排列造成节奏、律动美，或加强垂直线以取得形体挺拔有力、高大庄重的艺术效果。如用垂直线造型的疏密相间的园林栏杆及围栏、护栏等，有序排列的图案能形成有节奏的律动美。法国艺术家丹尼尔·布伦（Daniel Buren）的公共艺术公文框装置在日本东京临海副都心的大型综合住宅区内，随着地形高低的变化，公文框跳跃式地伸向远方，无论是形式感还是节奏感都很强烈。另外，在公文框走向的尽头还装有一面镜子，利用反射加强了视觉上的错视效应，将重复性艺术表现手法表现得淋漓尽致（图4-11）。

图4-10　直线在园林设计中的运用

图4-11　丹尼尔·布伦（Daniel Buren）的公共艺术装置品

斜线动感较强，具有奔放、上升等特性，但运用不当会有不安定的散漫之感。斜线具有生命力，景观中的雕塑造型常常用到斜线，能表现出生机勃勃的动势。另外，斜线也常被用于打破呆板沉闷而形成变化，达到静中有动、动静结合的意境。但由于斜线的个性特别突出，一旦使用，往往处于视觉中心，同时对于水平和垂直线条组成的空间有强烈的冲击作用，因此，要考虑好与斜线相配合的景观要素设计，使之与整个环境相协调。

②曲线在园林设计中的应用　曲线的基本属性是柔和，具有变化性、虚幻性、流动感和丰富性。曲线分为两类：一类是几何曲线；另一类是自由曲线。几何曲线的种类很多，如椭圆曲线、抛物曲线、双曲线。几何曲线能给人以弹性、严谨、理智、明确的现代感，同时也有机械的冷漠感（图4-12）。自由曲线是一种自然的、优美的、跳跃的线形，能表达丰满、圆润、柔和、富有人情味，同时也有强烈的活动感和流动感（图4-13）。

图 4-12　几何曲线　　　　　　　　　图 4-13　自由曲线

图 4-14　拙政园的建筑屋顶起翘形成自由曲线

为了模仿和体现自然，中国古典园林中几乎所有的线都顺应成自然的曲线——山峰起伏、河岸及湖岸弯曲、道路蜿蜒，植物配置也避免形成规则的直线，高低错落、左右参差，形成自然起伏的林冠竖向线（林冠线）和自然弯曲的林冠投影线（林缘线）。即使是亭台楼阁等人工建筑，也会把其屋顶起翘形成自由曲线。另外，古典园林道路的线形也是自然弯曲的曲线。曲线在有限的园林中能最大限度地扩展空间，在古典园林中运用最广泛，古典园林中的园路、桥廊、墙，以及驳岸、建筑、花坛等处处都有曲线（图 4-14）。

人们在紧张工作之余都想缓和一下生活节奏，希望从紧张的节奏中解放出来，而曲线能带给人们自由、轻松的感觉，并能使人们联想到自然的美景。但是，曲线的弯度要适度，有张力、弹力，才能体现出曲线的美感。因此，在运用曲线时要注意曲线曲度与弯度的设计。

4.1.1.3　面

（1）面的概念、种类和特点

面是线运动的轨迹，面也可以是体的外表。面一般由线界定，具有一定的形状。在几何学中，面有长度、宽度，但没有厚度。面的种类非常丰富，运动的线的形式不同或相同的线运动规律不同，所形成的面的形式也不同。

在应用中，通常可以把面按形状分为几何形面、有机形面和偶然形面等。几何形面是指具有一定的几何形状的面，典型的几何形面是圆形面和正方形面以及它们的组合；有机形面是指不具有严谨的几何秩序，形状较自然的面，这类面多由曲线界定；偶然形面是指形成于偶然之中，如在图纸上随意泼墨形成的图形即属于偶然形的面（图4-15）。

面还可以分成实面和虚面两种。实面是指由线界定的具有明确的形状并能看到的面；虚面则是指没有线的界定，不实际存在但是可以感觉到的面，如由点、线密集而成的面则为虚面。

a. 几何形面　　　　b. 有机形面　　　　c. 偶然形面

图 4-15　不同形态的面

（2）面的情态特征

几何形面呈现出一种严谨的数理性的秩序，给人一种简洁、安定、井然有序的感觉，但有时又由于其过于严谨和有理性，而有呆板、缺少变化的弊端；有机形面一般具有柔软、活泼、生动的感觉，并且在应用中由于具有较强的随意性，能表现出独特的个性和魅力，因此，在实际应用中须考虑其本身与其他外在要素的相互关系；偶然形面形成于偶然之中，外形难以预料，给人以朦胧、模糊、非秩序的美感，而在设计中往往也追求偶然形面所形成的意想不到的特殊艺术效果。

（3）面在园林设计中的运用

①几何形面在园林设计中的应用　几何形平面体现了严谨性和理性，是人工的产物，因此，在园林中主要应用于规则式景观。如规则式景观中的空旷地和广场外形轮廓、封闭型的草坪、广场空间均为几何形，常用对称建筑群或规则式林带、树墙包围等。在西方景观中，整形水池即几何形水景设计较普遍，水体的外形轮廓为几何形，多

图 4-16　几何形面在园林设计中的应用

采用整齐的驳岸，常见的有正方形、圆形、长方形、椭圆形和多边形等（图4-16）。

几何形面中的特例是对称规则形面。对称规则形面大都应用于纪念性质的广场。如北京的天安门广场、南京的中山陵广场、湘潭的东方红广场等，直线形的组合营造出一种肃穆、秩序、宽广的庄严气氛，使人产生一种肃穆感，实现了广场的政治功能和集散功能。另外，在现代公园的出入口等景观集散地大多也是几何形平面的广场，这种广场的功能是供游人休憩、集散、通行。几何形平面广场最忌空旷、单调，而这却是几何形平面景观中最易出现的问题，因此，在园林设计时应特别注意这一点。可用曲线造型的喷泉、花坛、雕塑小品等来美化装点广场，打破单调、空旷，使游人在规矩方圆之中产生安全、依赖的秩序感和亲切感。

②自由曲线形面在园林设计中的应用　自由曲线形面是曲线和面结合的产物，突出了自然、随和、自由生动的特性，一般应用于自然式景观中。如以顺应自然、仿效自然、利用自然为主导思想的中国古典园林，就是从自然中总结出山水植物的规律，使布局顺理成章。而自然的面都是自由曲线形面，因此，在中国古典园林中无论是园林中的空旷地、广场的轮廓还是水体的轮廓，都应为自然形的，草地植物的种植形成的立面效果和地形平面也是自由曲线形的，才能形成园林中开朗明净的空间。

在现代园林设计理念中，设计师所追求的形态元素要求高，而人们对自然生态性和休闲性公园的需求越来越多，因此，在很多景观中，草地、水面、树林等形成的面都采用自由曲线形面（图4-17），但现代的组合更为灵活，在很多地方可以和几何形面结合使用，甚至有的自由曲线形面在某个边结合几何形来设计，将人工和自然完整地结合起来。

图4-17　自由曲线形面在园林设计中的应用

综上所述，在平面布局中，面与点和线共同构成了合理的具有现代艺术感的景观。

总之，园林设计要想有所突破、创新，就应该结合现代设计理论，合理设置各景观组成要素形成的点、线、面在平面上的位置，在立体中的构成，以及在空间中的组合，以取得最佳的"构成"。

4.1.2 平面构成的形成规律

平面形态的形成和变化主要依靠各种基本要素构成。这些基本要素综合构成了平面形态中的基本形和骨格系统，故平面形态的形成规律主要通过基本形和骨格的形成规律体现。

4.1.2.1 基本形

基本形是构成图形元素的基本单位。基本形由概念性的元素（点、线、面）组合而成。设计中，以一些彼此相关联的基本要素构成一个基本形，再以这个基本形为单位进行各种组合和变化，即可形成丰富多彩的图形。这样，借助于基本形的概念就可以把众多而繁杂的基本要素和最终构成的图形有机地联系起来。基本形设计一般应以简单为宜，复杂的基本形因过于突出而有自成一体的感觉，使形态的整体效果欠佳。

基本形的组合关系非常重要，初学者必须了解形态的基本组合方式。在对基本形进行组合的过程中，形与形之间的组合关系归纳起来通常有以下几种（图4-18）。①分离：形与形之间产生的距离。②接触：两个完整的形之间无距离，彼此进行接触。③复叠：一个形态覆盖在另一个形态之上，产生前后关系，形成空间感。④透叠：两个形交叉的部分形成一个透明的形。⑤联合：两个形相交，彼此融合在一起成为一个新的形。⑥减缺：两个形相交，其中一个被另一个减掉后剩下的部分。⑦差叠：与透叠相反，两形相交，中间共有的部分。⑧复合：两个形完全重叠在一起成为新的形。

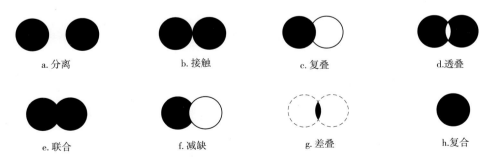

图 4-18 形与形之间的组合关系

4.1.2.2 骨格

简单地说，骨格就是构成图形的框架、骨架，是为了将图形元素有秩序地进行排列而画出的有形或者无形的格子、线、框。例如，小学生写字一般都要在方格里写，如果

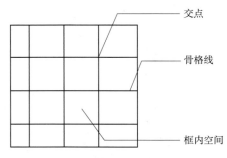

图 4-19 骨格线、交点和框内空间

是一张白纸，往往为了把字写得整齐，都会用铅笔在上面打上格子，至少要画上线。基本形在平面内进行的排列是依靠骨格的组织来完成的，骨格是构成图形的骨架和格式，它决定了基本形之间的距离和空间关系。骨格由概念性的线要素组成，包括骨格线、交点和框内空间（图4-19、图4-20）。在设计构成中，将一系列的基本形安放在骨格的交点或框内空间中，就形成了简单的构成设计。

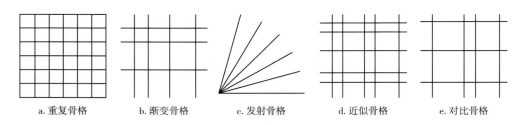

a. 重复骨格　　b. 渐变骨格　　c. 发射骨格　　d. 近似骨格　　e. 对比骨格

图 4-20 不同形式的骨格

骨格是关系元素，在构成中起重要作用。同样的基本形，由于骨格的变化，构成的形态不同。骨格可以变化的要素主要是骨格的间距、方向和线型，如表4-1所列。

表 4-1 骨格的变化要素

要　素	变换形式		
	重　复	渐　变	近　似
间　距			
方　向			
线　型			

4.1.3 平面构成的基本形式

平面构成的形式非常多，按照所应用的要素不同，可以分为点的构成、线的构成、面的构成以及点线面的综合构成；按照构成的规律和形式特点，可以分为重复构成、渐变构成、发射构成、对比构成、特异构成、近似构成、密集构成、肌理构成等。此处按照构成的规律，结合各种不同的要素进行介绍。

4.1.3.1 重复构成

（1）重复构成的概念

相同或相似的形态连续有规律地反复出现称为重复。重复构成以一个基本形为主体，在基本格式内重复排列，排列时可做方向、位置变化，具有很强的形式美感。所谓相同，在重复构成中主要是指形状的相同，此外，还有色彩、大小、方向、肌理等方面相同。用来重复的形状，可称之为基本形。重复构成是设计中常用的手法，能够加强给人的视觉印象，造成有规律的节奏感，使画面和谐统一并富有整体感和秩序美。

（2）重复构成的形成

①基本形的重复　主要是指基本形的形状的重复，其他要素如大小、色彩、肌理、方向等在形状重复的前提下，可以有一些变化。

②骨格的重复　设计骨格的每一单位的形状和面积都相等，就形成了骨格的重复。

（3）重复构成的形式

以一个基本形为主体在基本格式内重复排列，排列时可做方向、位置变化，具有很强的形式美感（图4-21）。

图4-21　重复构成的形式

4.1.3.2 渐变构成

（1）渐变构成的概念

渐变构成是指基本形或骨格逐渐地、有规律地变化。渐变是人们日常生活中常见的一种自然现象，如城市中道路两旁的行道树由近到远、由大到小的渐变，自然山体的起伏渐变，听见的声音的大小、强弱渐变等。渐变是一种规律性很强的现象，运用在视觉设计中能产生强烈的透视感和空间感，是一种有秩序、有节奏的变化。如果渐变的程度太大、速度过快，就容易失去渐变特有的规律性，给人以不连贯的视觉上的跃动感；反之，如果渐变的过程太慢，则会产生重复感。

（2）渐变构成的形成

①基本形的渐变　组成基本形的各视觉元素和关系元素都可以进行渐变。

②形状的渐变　由一个基本形的形状逐渐变成另一个形状。可以采取加、减、移位等手段，形成由完整到残缺、由简单到复杂、由具象到抽象等的渐变。

③大小的渐变　基本形由大到小或由小到大的渐变，会产生系列感和强烈的动感。

④方向的渐变　将基本形在骨格框架内做有规律的方向的渐变，可以使画面产生动感和空间感。

⑤位置的渐变　基本形位置渐变时须用到骨架，可以使画面产生起伏波动的视觉效果。

⑥色彩的渐变　基本形的色相、明度、纯度都可以做有规律的渐变，产生有层次的美感。

⑦骨格的渐变　骨格的渐变是指骨格有规律地变化，使基本形在形状、大小、方向上进行变化。骨格线的间距、线型、方向等的渐变，可以产生非常强烈的视觉效果。

（3）渐变构成的形式

渐变构成是把基本形体按大小、方向、虚实、色彩等关系进行渐次变化排列的构成形式（图4-22）。

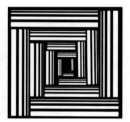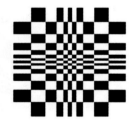

图 4-22　渐变构成的形式

4.1.3.3　发射构成

（1）发射构成的概念

发射构成目前在园林设计中也运用广泛，发射也是一种常见的自然形状，如鲜花的结构、太阳四射的光芒等。发射由发射中心和具有方向的发射线两个要素构成。发射构成具有重复构成和渐变构成的特点，可以造成强烈的视觉效果，产生光学的动感或爆炸性的感觉，给人以强烈的吸引力。

（2）发射构成的形式

发射的构成主要是通过骨格的发射形成的。这种发射的骨格有发射点（一个或几个并成为画面的焦点）和发射线（具有方向性并与发射中心有机结合）两个重要因素。根据它们的关系，主要有以下几种方式（图4-23）。

①中心点的发射　分为离心式发射和向心式发射2种。离心式发射是基本形由发射中心向外扩散，有较强的向外运动感，是常用的一种发射构成形式，发射点一般位于画面的中心位置。向心式发射与离心式发射形式相反，向心式发射是基本形由四周向中心集中，其发射点在画面外部。

②同心式发射　是基本形依照骨格线的形状，以一个中心点层层环绕，形成逐渐扩大的发射构成形式。

③多心式发射　画面中有多个发射中心，基本形基于多个发射中心进行排列形成的发射构成形式。

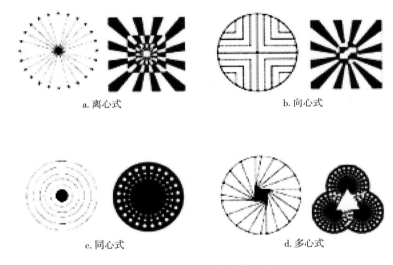

a. 离心式　　　　　　　　b. 向心式

c. 同心式　　　　　　　　d. 多心式

图 4-23　发射构成的形式

4.1.3.4　对比构成

（1）对比构成的概念

在园林设计中，对比在视觉上给人一种明确、肯定、清晰的感觉。强烈的对比会给人以深刻的印象。对比构成是将性质相反的要素组合在一起的构成形式。因此，对比就是一种比较，相对于某一个参照物而言产生的大小、疏密、虚实、冷暖、方圆、强弱等不同印象。

在构成中对比训练应注意统一的整体感，在对比的同时，视觉要素的各方面要有一个总的趋势，有一个重点，能相互烘托。如果处处对比，反而强调不出对比的因素。对比也有程度强弱之分，强烈的对比比较刺激，而轻微对比则比较柔和。构成设计可以从某一个角度出发，应用对比的手段，强调某一个因素的存在，使设计产生独特的个性。

（2）对比构成的形式（图4-24）

对比的构成以基本形的对比方式为主，主要通过基本形的以下方面进行对比。

①形状的对比　不同的形状一定可以产生对比，但是应注意统一感。

②方向的对比　在基本形整体有明确方向的前提下，少数基本形的方向发生改变。

③大小的对比　基本形的形状、面积或线的长短不同产生的对比。

④色彩的对比　色彩由于色相、明暗、浓淡、冷暖不同所产生的对比。

⑤疏密的对比　基本形的排列的聚与散产生的对比。

⑥位置的对比　画面中形状的位置不同，如上下、左右、高低、偏侧、中央、前后所产生的对比。

⑦肌理的对比　不同的肌理感觉，如粗细、光滑、凹凸等产生的对比。

⑧虚实的对比　画面中有实感的图形称之为实，空间是虚，虚的地方大多为底。

   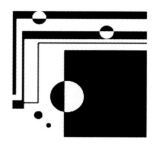

a. 方向的对比　　b. 形状的对比　　c. 疏密的对比　　d. 虚实的对比

图4-24　对比构成的形式

4.1.3.5　特异构成

（1）特异构成的概念

特异构成是指构成要素在有秩序的关系里有意违反秩序，使少数个别的要素显得突出，以打破规律性。此处所谓的规律性，是指重复、近似、渐变、发射等有规律的构成。

特异构成可以使某些要素强烈鲜明，形成视觉焦点，产生跳跃的效果。特异也是常见的自然现象，如万绿丛中一点红，其中"一点红"就是一种色彩的特异现象。

特异是通过小部分的差异与整体的秩序进行对比得到的。在特异构成中，特异的程度在整个构图中的比例应适度。如果特异的程度太小，效果不明显，不足以引起视觉刺激；反之，过分强调特异的程度，又会破坏图面的统一感。

（2）特异构成的形式（图4-25）

①形状的特异　在许多重复或近似的基本形中出现一小部分特异的形状，以形成差异对比，形成画面上的视觉焦点。这种形状的特异，能增强图面的趣味性，使形象更加丰富。一般形成特异的基本形数量应很少，甚至只有一个。

②方向的特异　在大多数基本形方向重复的秩序里，有一个出现变化而产生特异。

③大小的特异　相同的基本形在大小上做些特异的对比。应注意对比不要太悬殊或太相近，只有少部分因大小上的特异而形成对比。

④色彩的特异　在同类色彩构成中，加入对比色彩成分，以打破单调的画面。在基本形和其他要素相同的情况下，采用色彩的特异变化会产生新的视觉效果。

⑤肌理的特异　在相同的肌理质感中，造成不一样的肌理变化。

⑥骨格的特异　在规律性的骨格中，部分骨格单位在形状、大小、位置、方向等方面发生了变异。

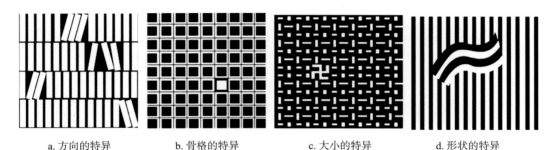

a. 方向的特异　　　b. 骨格的特异　　　c. 大小的特异　　　d. 形状的特异

图 4-25　特异构成的形式

4.1.3.6　近似构成

（1）近似构成的概念

近似构成是指在形状、大小、色彩、肌理等方面有着共同特征的构成形式，表现在统一中呈现生动变化的效果。近似能给人强烈的系列感，是一种常见的现象，如河边的卵石、树上的叶子等的形状都是近似的。

在近似的构成中，要把握好近似程度的大小。如果近似的程度太大，会产生重复之感；反之，近似的程度太小，就会破坏统一感，失去近似的意义。

（2）近似构成的形式（图 4-26）

①基本形的近似　主要是应用基本形形状的近似。一般两个形态如果属于同族，则它们的形状就是近似的，如人类的形象、同一种植物的叶形等。在近似的设计中，可以首先找到一个原形，然后在这个原形的基础上进行增减、变形、方向、色彩等的操作变化，即可得到一系列近似的形态，将这些近似的形态进行组织即可形成近似构成。

②骨格的近似　骨格的近似一般是指骨格单位的形状或大小的近似。

4.1.3.7　密集构成

（1）密集构成的概念

密集在园林设计中也是一种常见的组织形态元素的表现手法。基本形在构图中自由分布，有疏有密，最疏或最密的地方就成为整个图面的视觉焦点，在图面中造成一种视觉上

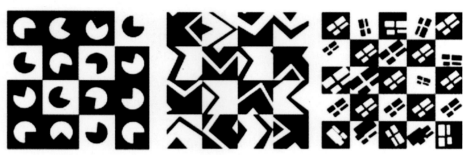

a. 基本形的近似　　　　　b. 骨格的近似　　　　　c. 骨格的近似

图 4-26　近似构成的形式

的张力，并有节奏感。密集也是一种对比的情况，利用基本形数量的排列，产生疏密、虚实的对比效果。

（2）密集构成的形成

密集的构成设计是依靠基本形的排列完成的，实际训练中应注意以下两点：一是组成基本形的数量要多，个体要小，形状可以相同也可以近似；二是基本形的排列虽不受骨格的限制，但要合理地组织，使画面具有一定的张力和动感，不能涣散。

（3）密集构成的形式（图 4-27）

①趋于点的密集　在设计中将一个概念性的点置于画面中，基本形的排列都趋于这个

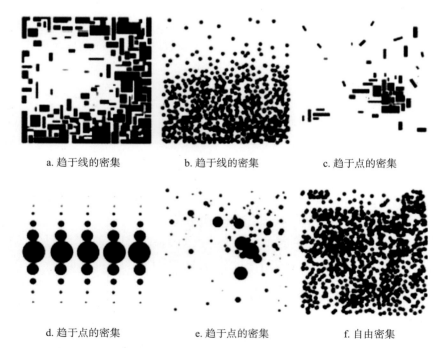

a. 趋于线的密集　　　b. 趋于线的密集　　　c. 趋于点的密集

d. 趋于点的密集　　　e. 趋于点的密集　　　f. 自由密集

图 4-27　密集构成的形式

点进行密集，越靠近这个点越密，越远离这个点则越稀疏，这个概念性的点往往成为画面的焦点。需要注意的是，这种概念性的点有时不止一个，基本形的排列也不要过于规律。

②趋于线的密集　在构图中有一条概念性的线，基本形的组织趋于该线进行，越靠近该线越密集，越远离该线则越稀疏。

③自由密集　构图中基本形的组织不受概念性的点和线的约束，完全自由散布，没有规律，形成疏密变化的图面效果。

4.1.3.8 肌理构成

（1）肌理构成的概念

凡凭视觉即可分辨的物体表面之纹理，称为肌理。以肌理为构成的设计，就是肌理构成。此种构成多利用照相制版技术，也可用绘画、拓印、喷洒、渍染、熏炙、擦刮、拼贴、撒盐等多种手段形成（图4-28）。

①绘画　可以用手直接绘制在平面上，也可以用辅助工具绘制。

②拓印　用油墨和颜料在凹凸不平的物体上进行拓印得到的肌理效果。

③喷洒　将颜料调制成适合的稀度，进行喷、洒、倾倒、敲击等，在平面上得到不同的肌理效果。

④渍染　具有吸水性的材料，如宣纸、棉布等，其表面可用渍染的方法获得肌理效果。

⑤熏炙　用火焰在纸上烤，获得一种熏黑或燃烧后的痕迹的肌理效果。

⑥擦刮　在着色的平面上使用利器擦刮或雕刻来获得肌理效果。

⑦拼贴　利用各种不同的材料在平面上进行拼接获得肌理效果。

⑧撒盐　将食盐撒在水彩上，发生作用以后通过意外的流动获得肌理效果。

a. 绘画　　　　　　b. 拓印　　　　　　c. 喷洒　　　　　　d. 渍染

e. 熏炙　　　　　　f. 擦刮　　　　　　g. 拼贴　　　　　　h. 撒盐

图 4-28　肌理构成的获得

肌理是一种特殊形式的美，它让人仅仅从"一看"就能感受到面的质感和纹理感。从审美的角度去研究和应用肌理的特征和属性，就使平面构成有了更多的视觉语言和表达手段。在实际应用中，表面的处理除了明暗关系、色彩关系外，如果再加上肌理关系的处理，就从手法和视觉上丰富了平面设计。肌理特殊的视觉感受也是其他视觉形式所不能替代的。

（2）肌理构成的形式（图4-29）

①视觉肌理　视觉肌理是肌理在视觉上造成的一种视觉感受。在平面构成中，视觉肌理指的是规则或不规则形态以较小的尺度经过群化或密集化处理成面的形态后所体现的视觉形式。视觉肌理表现为视觉上的质感，它不具备触觉上的质地感，即对视觉肌理而言，视觉上的粗糙感并不意味着触摸时也具有粗糙感。这就是视觉肌理与触觉肌理的区别。

视觉上的细腻感、粗糙感、质地感、纹理感等都是视觉肌理的具体表现。视觉肌理的表现手法主要有以下两种：一是把物体表面真实可触摸的立体化的肌理表现为平面上可视的形态，构成视觉肌理；二是把较小的尺度单位形态进行群化处理或密集化处理，构成平面的视觉肌理。

②触觉肌理　触觉肌理是相对视觉肌理而言的，触觉肌理指的是触摸时所感受的细腻感、粗糙感、质地感或纹理感。触觉肌理也许是可见的，也许是不可见的。

在平面构成中，触觉肌理的制作必须对设计的平面进行超出或低于设计平面的纹理上的处理，如印刷时对印刷平面的压印处理在手感上就可造成肌理感。纸张表面的质地也表现为平面触觉肌理。为了保持平面性，触觉肌理的厚度不能太大，因为厚度太大则具有较强的体感而失去平面的性质和特征。

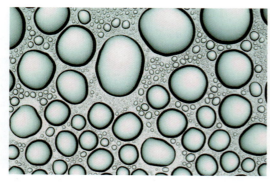
a. 视觉肌理

b. 触觉肌理

图4-29　肌理构成的形式

【实践教学】

实训4-1　园林设计平面构成

一、目的

平面构成的形式非常多，包括重复构成、渐变构成、发射构成、对比构成、特异构成、近似构成、密集构成、肌理构成等。通过参照优秀的园林设计平面图（图 4-30）进行练习，熟悉掌握平面构成的相关知识。

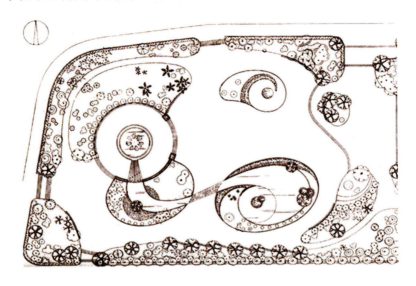

图 4-30　优秀的园林设计平面图

二、材料及用具

绘图纸、硫酸纸（拷贝纸）、颜料、制图工具、上色工具。

三、方法及步骤

1. 针对每种平面构成形式，分别创作完成一个有创意的图形。
2. 抄绘优秀园林设计平面图一幅，理解其平面构成的形式。
（1）读图：研读图 4-30，分析其平面构成基本要素及形成规律。
（2）抄绘：用 A4 绘图纸和钢笔抄绘，要求线条清晰流畅，图面美观协调。
（3）总结：平面构成是重要的园林专业入门知识，在平面设计中，要将各种形态按照形式美的法则进行组合、重构，形成一个适合需要的图形，点、线、面是其基本要素。

四、成果

1. 针对每种平面构成形式，分别创作完成一个有创意的图形。
2. 抄绘优秀园林设计平面图 1 幅（A4 图幅）。

4.2　立体构成

立体构成是在三维造型设计中，对其重要的基础性设计问题进行研究的专业类学科，主要包括点、线、面、立体、空间、运动的专业性研究，涉及形态、色彩、材料、结构、思维方式等多个方面。

整个立体构成的过程是一个分割到组合或组合到分割的过程。任何形态可以还原到点、线、面，而点、线、面又可以组合成任何形态。

立体构成的探求包括对材料形、色、质等心理效能的探求和材料强度的探求，以及加工工艺等物理效能的探求这样几个方面。立体构成是三维度的实体形态与空间形态的构成，结构上要符合力学的要求，同时，材料影响和丰富了形式语言的表达。立体是用厚度来塑造形态，它是制作出来的。立体构成离不开材料、工艺、力学、美学，是艺术与科学相结合的体现。

4.2.1 立体构成的形态元素

4.2.1.1 点

点是立体构成中最基本的元素，它具有求心性和醒目性，在视觉艺术信息的传达中总是先取得心理的表象。点的体积有大有小，形状多样，排列成线，放射成面，堆积成体。点的空间表现：空为虚，实为体，两点含线，三点含面，四点含体。

点的存在形式是多样的，其多样性使它呈现出明确表现和隐蔽表现。圆的圆心和正方形、三角形、多边形的中心是明确的点的存在形式。而在线、面、体上，点的存在是通过隐蔽的形式表现的，如一线段的起点和终点、直线转折处、两线相交处、圆锥体的顶端等。

几何学上的点是无形态的，但在二维空间和三维空间造型表现中，点具有空间位置并需按照一定的尺度来界定。与所处的环境空间、面积形状和其他造型要素比较时产生对比，具有视觉力场和触觉力场作用的，都称为点。

对点不能以绝对的标准来界定，而只能以相对的标准来界定。如宇宙中的许多星体，虽然其体积比地球大得多，但在夜晚，群星璀璨形成无数点的感觉。可见大与小的尺度是相对于一定的环境空间而言的，点的存在与环境空间有着密切的联系。

点的排列和距离的不同使点在视觉上产生线、面形态的变化。造型上点的线化主要由距离和方向所决定。例如，将相同的点连接可构成虚线，其距离越近，线的感觉越强。将点做等距离排列，显得规范、工整合顺序，美中不足的是略显机械而呆板；如果有计划、有规律地做间距处理，可以产生节奏感；如果改变点的方向，并有计划地进行大小变化排列，则可表现出跳跃性的韵律，也可表现出曲线的流畅感。点的面化是由点的聚集产生面的感觉，通过点的大小变化或排列上疏密的变化产生立体感、层次感，并给面带来凹凸的感觉。点的面化运用得巧妙，可产生二次元的视觉效果。

在二维空间和三维空间中，与其他造型要素相比，点是最小的视觉元素，但它的地位是其他要素所不能取代的。点在造型中具有特殊的、积极的意义，并与形的表现有着实质的关联作用。

点在造型中的整体与局部关系中起着特殊的作用，若运用得当、巧妙，可画龙点睛，产生强烈的视觉冲击力和艺术感染力；相反，运用不当，则会对整体产生极大的破坏性和负面效应。在各种艺术设计中，点以其独特的作用折射出艺术的光彩。

在园林景观中，点通常是以"景点"的形式存在，如在草坪中或观景平台上的孤植、水池中的树池和变形喷头形成的喷水，甚至园路上的立桩等（图4-31、图4-32）。

图4-31　点（广州三英温泉度假酒店）　　　　图4-32　点（张家界国家森林公园）

点具有相对性，某些"点"在整个园林景观范围内是一个点的概念，而在局部景观中可能是一个"面"。

4.2.1.2　线

立体构成中线的语言是非常丰富的。就线的形态而言，有粗细、长短、曲直、弧折之分；线的断面又有圆、扁、方、棱之别；线的材质感觉上有软硬、刚柔，光滑、粗糙的不同；从构成的方法看，有垂直构成、交叉构成、框架构成、转体构成、扇形构成、曲线构成、弧线构成、乱线构成、回旋构成、扭结构成、缠绕构成、波状构成、抛向构成、绳套构成等。

几何学上这样定义线：线是点移动的轨迹，只具有位置及长度，而没有宽度和厚度。从造型要素来讲，线是具有长度的一次元要素，它的特征是以长度来表现的，与其他造型元素相比具有连续的性质，只要粗细与长度有着极端的比例关系就成为线。

线分为直观线和非直观线。直观线是概念线，即面和形的边缘。非直观线具有隐蔽性，它在两面交接处隐蔽存在。极薄的平面与平面相交部位便形成线。曲面相交则形成曲线。可以说，线是面与面的分界，起到分割作用，但线也可以起到结合作用。

线按形态可分为：直线、折线和曲线。

①直线　直线是最基本的线的形态之一。直线通过垂直、水平方向的组合变化可构成二次元空间和三次元空间，表现出强烈的力度感。现代高层建筑大多采用直线形态构建，用直线形态构建的斜拉桥承载力更大。尽管直线易使人的视觉产生疲劳，但从视觉感知的效果来看，用直线构建的形态更容易被感知。

直线包括水平线、垂直线、斜线等形式。水平线有安定、平衡、开阔的感觉，使人联想到海平面、地平线、大地，并产生平静、安静、抑制等心理感受。垂直线有坚实、稳定、向上的感觉，充满积极进取的精神和意义，象征着对未来的理想和希望。斜线是直线形态中动感最强烈、最有活力的线型。充满运动感和速度感。斜线也最易使人产生不安定感。斜线可产生巨大的拉力作用，斜拉桥就是根据力学原理利用对称斜拉索增强桥梁结构的稳定性。

②折线　折线是按几何角度转折的线。折线的每一段都是直线，两条直线间有折点（折点具有点的性质，起着联系两条线段的作用）。折线有刚劲、跃动的感觉。由于折线的方向具有可随意变化的特点，在造型中常常利用折线增强视觉引力。

③曲线　曲线是柔韧而有转折的线，它的转折是平滑的。曲线有规则曲线和自由曲线两大形态。曲线优美、流动感强、充满运动感，若运用得好，可产生鲜明的节奏感和韵律感。

线的表现力也很强，可以连接或不连接，可以重叠，可以组合，可以交叉，可以渐变……在方向、位置、间隔、距离、角度、粗细、曲直等排列组合上进行变化，可以带来无穷的视觉效果和心理感受（图4-33至图4-36）。

图4-33　直线（宁波博物馆）

图4-34　直线（佛山清晖园）

图4-35　曲线（深圳某酒店）　　　　　图4-36　曲线（广州余荫山房）

4.2.1.3　面

面在几何学中是线的移动形成的，也是由块体切割后而形成的。面的感觉虽薄，但它可以在平面的基础上形成半立体浮雕感的空间层次，如果通过卷曲伸延，还可以成为空间的立体造型。

几何学上将面定义为线的移动轨迹。几何学上的面只具有位置、长度和宽度，而无厚度。面分消极的面和积极的面。消极的面由点的集合群化、线的集合群化构成，积极的面可由扩大点的面积、扩大线的宽度、对线进行密集移动构成。

面具有几何形面、非几何形面两大形态。几何形面是规则的，它的基本形态是正方形面、三角形面、圆形面，由直线和几何形曲线构成。正方形的特点是垂直与水平；三角形的特点是斜向与角度；圆形的特点是外轮廓的曲线。非几何形面是不规则的，是由自由曲线结合直线构成的自由形，实际上也是自由曲线组合构成的各种变相的正方形、三角形、圆形。

几何形面给人理性、明确的感觉，产生简洁、抽象、秩序之美，但易产生呆板的感觉；非几何形面虽然活泼、生动、富于感性，但易产生不端正、杂乱的感觉。

立体构成中的面具有比线明确、比块稍弱的空间占有感，因为是由面来限定空间的。

（1）**层面构成**

层面是指若干直面（或少量柱面、锥面）在同一个面上进行各种有秩序的连续排列。基本面型简洁、丰富有变化。面型变化形式有重复、交替、渐变、近似等。排列方式有直线、曲线、折线、分组、错位、倾斜、渐变、放射、旋转等。

（2）嵌合的构成

嵌合是用一个基本形为单元或几个基本形为单元，做上、下、左、右相互连接或展开的设计。主要有以下几种构成方式：

屏障式：以基本形态上下、左右互相嵌合连接，以平面的形式展开，组成一个大的屏障结构。

重叠式：以基本形前后、左右、上下连接，按照同一种规律和方式立体地展开，形成一个大的体块。

自由式：以基本形相互间做无规律、无秩序的排列，以视觉规律和空间虚实效果的疏密关系来构成一个大的体块。

（3）框形、块形组合造型

框形：空心的正圆形、正三角形、正方形、正六边形等。

块形：实心的正圆形、正三角形、正方形、正六边形等。

变框与变块：在基本的框形与块形上做规则的变形。

插接：同一造型的框形或块形，用插接可塑造出多样的近似于球体的形态。

在不同的园林景观环境中，需要有不同感受效果的立体形态来造景，同时，平面可以分隔空间，也是空间构成的一部分。所以，设计者会结合不同的材质，大量运用面材来营造活泼灵动的感受。例如，薄的面材和透明的面材容易创造轻快的感觉，厚的面材和粗糙的面材更容易形成厚重的感觉，面材表面略有凸起点会形成丰富的光影效果等。

在园林景观环境中，有许多空间造型都具有面材构成的特点，如园林建筑及小品采用面材作为屏障，围合和分割空间等（图4-37、图4-38）。

图4-37 面（广州火炉山森林公园）

图4-38 面（宜昌三峡大坝公园）

4.2.1.4 体

体在几何学上被定义为面的移动轨迹。几何学上的体具有位置、长度、宽度、厚度，但无重量。立体构成中的体是三次元空间，占有实质的空间，具有体积、容量、重量特征。正量感表现实体，负量感表现虚体。无论从哪个角度都可以从视觉上感知它的客体性，使人产生强烈的空间感。

体有多种形式，如正方体、锥体、球体以及这些体相互组合构成的形体等。在立体构成中又可以分为点立体、线立体、面立体、块立体以及半立体等主要类型。

无论是简单还是复杂的形体，尽管形态上有差异，但都是由相应的元素构成。如平面几何形体由棱角、棱线和立体表面构成，差别仅仅是元素在数量上的增或减；几何曲面立体则是由几何曲面所构成的方块体或回转体；自由曲面立体是以自由曲面的形态在空间中构成的形体；点立体、线立体同样是以点、线的形态在空间中构成的形体。

半立体在浮雕和纤维艺术中表现得淋漓尽致，它主要利用层次感和凸凹、高低的变化，造成起伏错落，并充分利用光影作用，形成阴阳虚实的效果。自然形体是形体中最富有魅力的形体。大自然给人类留下了无数奇妙的形体，这些形体浑然天成，有的小巧玲珑，有的气势宏大、多姿多彩，使人眼花缭乱、目不暇接。从陆地到海洋，自然界的矿物、植物、动物，形体的奇异和内部组织排列的有序，都体现了天然形体的装饰性、抽象性和艺术性。

在园林设计中，体块构成的景观随处可见（图4-39）。

图4-39 体（宜昌三峡大坝公园）

点、线、面和体，它们之间的关系是相对的。如：点朝一个方向的延续排列便形成线；线平行排列或围绕一个点旋转便可以形成面；面超过一定厚度或旋转可以形成体……因此，在立体构成设计中要把握形态变化的尺度，以表现设计的形态构成。

4.2.2 立体形态感觉

4.2.2.1 量感

立体构成中的量感，从物理现象上看，可以理解为体积感、容量感、重量感、范围感、数量感、界限感、力度感等。而物体的大小、占据的空间、秩序与方向、单一与整体、聚合与分散等，会使人们在构成中按感觉"量力而行"。例如，杂技中的走钢丝、顶碗、顶坛、叠椅倒立等，在表演之前都有"掂量"的适应感觉过程，有了这种量感，才能将表演发挥到极致。量感的另一方面则受心理因素影响。

图 4-40　运动感

4.2.2.2　运动感

物质的运动是绝对的，静止是相对的。但在人的感觉中总把那些不可视的运动缓慢的物体当作是静止的。正因为如此，艺术家的兴趣与追求，就是表现那些"静止的"形态中的潜在内力变化关系。通过对物体材料的变形、变质，可强调物体运动变化的本质（图 4-40）。

4.2.2.3　空间感

在实体内的通透形式称为内空间，在实体外部与空虚的环境表现方式称为外空间。此处，空间感主要指空间给人的心理感觉，这种心理感觉是由形体向周围的扩张而产生的。

4.2.2.4　肌理感

肌理感在立体造型的表现中也很重要。它可以丰富造型，加强立体感和质感，尤其是在装置构成表现中，可以使物体形态达到以假乱真的逼真效果。造型中的肌理表现，有天然属性的本质肌理，也有人为加工的肌理。肌理按造型特点，又可分为以看为主的平面视觉肌理和以摸为主的凹凸触觉肌理两类。

4.2.2.5　错觉感

错觉不单指视觉上产生的错误感觉，还指产生在触觉、味觉、听觉和心理的错觉。盲人摸象的故事就是在触觉中所产生的错觉。魔术或立体电影，也是错觉感的效应。在立体构成和雕塑装置中，同样也可以让错觉感发挥其魔幻般的魅力。比如：利用光影、重叠、视点变动、空间进深、静止和运动等手段都能使人产生错觉感（图 4-41）。

4.2.2.6　色彩感

立体造型中的色彩不同于色彩绘画和色彩构成设计中的色彩，它在普通的色彩学基础之上，因为存在于三维空间中，所以要受到空间环境、光影效果、工艺技术、材质本身等多方面的制约和影响。它不但在物理学方面对形态的表现起着作用，还在心理学、生物学方面对形态的感觉也起到相当重要的作用。因此，在造型中，色彩有着相应的审美感觉和独特的规律性。

在形态构成中，色彩问题是不容忽视的，这是因为每种材料都有色彩，而且它和相邻的材料有内在的联系。立体构成的效果与材料色彩的选择有着极为重要的关系。

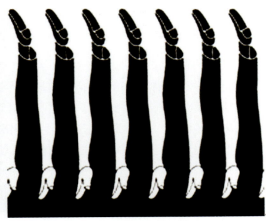

图 4-41　错觉感

4.2.3　立体形态形成的基本手法

4.2.3.1　积聚

许多基本形态（单元）向某些位置聚集（趋近于某些点、某些线，或形成某种结构），或由某些位置扩散，造成方向趋势上的规律及疏密、虚实上的对比，这种操作方法就是积聚（图 4-42）。积聚就是形态要素的积集聚合，是一种"加法"的操作。

在基本形积聚的过程中，其视觉要素可以做各种规律或非规律的变化，它们的形状、大小、色彩、肌理、位置、方向等的变化，可以按重复或渐变的方式进行。

同质单体的积聚产生近似构成，异质单体的积聚形成对比。

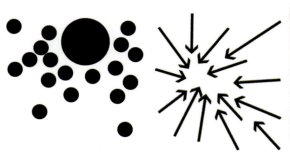

a. 点的积聚　　　　b. 线的积聚　　　　c. 体的积聚

图 4-42　积聚

在进行操作时要充分理解这样一个规律：积聚以单体的形态为前提，积聚中单体的数量越多，密集程度越高，积聚操作的特征就越强，由此产生的新形态的积极性越高，相应的单体个性和独立性则越少，趋向于消失。因此，单体数量较多时，着眼点应该在整体的构成效果，基本单体反而要以简单为宜。例如，树的造型效果更主要的是取决于整株树的结构，而并非个别枝条的形状。反过来，单体数量较少时，应把注意力更多地放在对单体的推敲上。例如，近距离观赏的花卉是否优美，主要取决于它的叶片、花朵的形状、色彩等本身因素。

4.2.3.2 切割

切割是把一个整体形态分割成一些基本形进行再构成，是一种"减法"的操作过程。用切割方法造型的时候要注意以下问题：一是切割是从一个整体形态（基本形）开始的。常用的基本形是圆形、正方形、长方形、椭圆形及正多边形等基本几何形体。对于园林设计中的造型，也只有用这些基本几何形体进行切割才能很好地体现"切割操作"的构成趣味。二是切割操作后所创造的新形态要让人能够感受到原来的基本形。也就是说，要把握好切割的"度"，过分的切割处理会失去切割的意义。三是切割的常用后续方法有挖孔、减缺、移位、旋转、滑动。四是切割的方法经常结合积聚的方法处理形态，有时候切割后再巧妙应用形和形之间的关系，可以得到理想的操作结果。

切割的操作方法包括分割（图4-43）、消减（图4-44）、移位（图4-45）等。

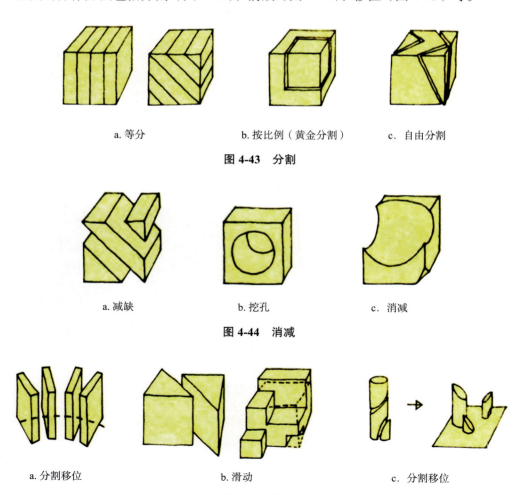

a. 等分　　　　　　b. 按比例（黄金分割）　　　　c. 自由分割

图 4-43　分割

a. 减缺　　　　　　b. 挖孔　　　　　　c. 消减

图 4-44　消减

a. 分割移位　　　　b. 滑动　　　　　　c. 分割移位

图 4-45　移位

用切割的方法造型在建筑、园林设计中有广泛的应用（图4-46、图4-47）。

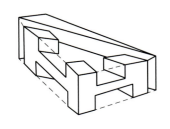

图 4-46　切割的例子——华盛顿国家艺术馆东馆（贝聿铭）

图 4-47　切割的例子——以切割造型方法为主的环境雕塑

4.2.3.3 变形

变形是对基本形态进行卷曲、扭弯、折叠、挤压、生长、膨胀等操作（图 4-48 至图 4-51）。变形操作可以在基本形态上变化出意想不到的新形态，而且变形操作具有把机械型有机化的倾向，所以通过这种方式得出来的造型往往具有某种生长的量感和膨胀感。

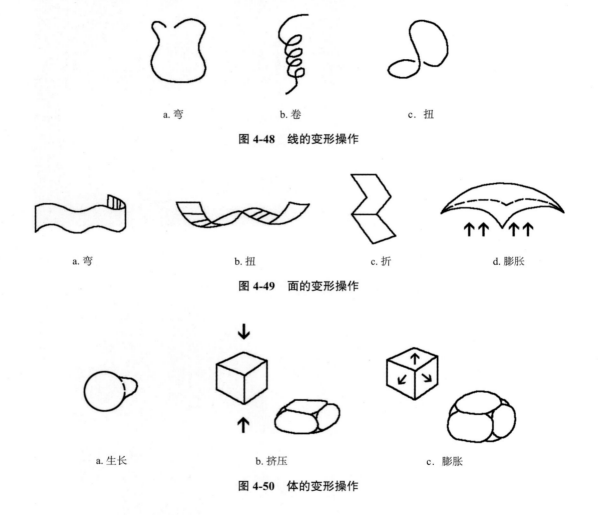

a. 弯　　　　　b. 卷　　　　　c. 扭

图 4-48　线的变形操作

a. 弯　　　b. 扭　　　c. 折　　　d. 膨胀

图 4-49　面的变形操作

a. 生长　　　b. 挤压　　　c. 膨胀

图 4-50　体的变形操作

4.2.4　立体构成的表现形式

4.2.4.1　半立体构成

半立体构成是平面立体化的一种表现形式，使平面材料在视觉和触觉上有立体感。半立体构成是基于平面和立体之间的造型形态，如平面上的凸起、浮雕（图 4-52、图 4-53）。

图 4-51　变形操作实例——朗香教堂（柯布西耶）

4.2.4.2　线材构成

在立体构成中，线是指线体或线材，具有长度、宽度和厚度，同时具有软和硬、光滑和粗糙的区别。

线材的三次元的聚集就成了线立体，考虑的因素要多于平面构成，不仅要考虑到空间的组织，还要注意材料的力学性能和结构等（图 4-54）。

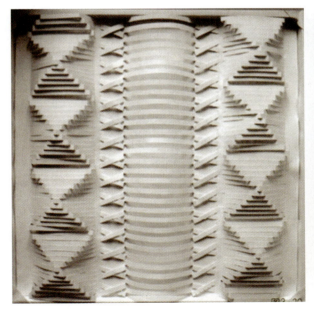

图 4-52　半立体构成（纸浮雕）　　图 4-53　浮雕（灰塑）——佛山清晖园

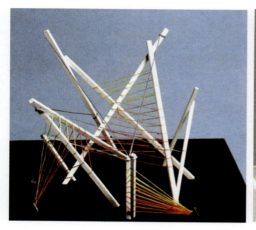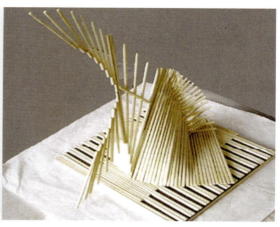

图 4-54　线的立体构成

4.2.4.3　面材构成

在立体构成中，面材构成可以选择同一种面材重复构成，也可以是不同的面材进行插接组合。面材具有平薄、延展的特征，起到分割、围合或界定空间界限的作用，平面形态的边界呈现线形的特征，单体具有平面形态特征。

面材可以分为平面和曲面两种空间形态。前者具有二维空间的特征，后者具有三维空间的特征（图 4-55）。

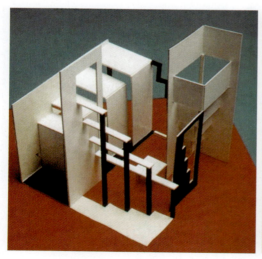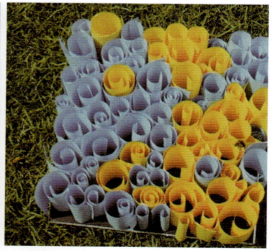

图 4-55　面的立体构成

4.2.4.4　体块构成

体块构成是指具有长、宽、高三维空间的封闭体块，按照一定的形式法则构成新的形态。体块可以分为实体、虚体、半实半虚体。实体是指内部充实具有厚重感的体块,如石头、木头等。虚体是指面材围合而成的空心体块,如气球等。半实半虚体则较实体更具透气感,而比虚体更具充实感,如海绵、棉花等。

在立体构成中,最基本的形体是正方体、锥体、球体。其他形体多由此3种形态衍生而来(图4-56)。

图 4-56　体块的立体构成

【实践教学】

实训 4-2　园林设计立体构成

一、目的

立体构成的表现形式非常多,包括半立体构成、线材构成、面材构成、体块构成等。要求用不同材料练习体、块的形态组合,以江南古典园林的漏窗艺术为切入点,创作中式园林局部景观模型,重点培养对园林立体构成的认识和对尺度的把握。

二、材料及用具

绘图纸、硫酸纸(拷贝纸)、颜料、制图工具、橡皮泥、泡沫板、卡纸、竹签、铁丝、竹筷、502胶、角尺等。

三、方法及步骤

(1)针对每种立体构成形式,分别创作完成一个有创意的图形。

(2)制作完成具有观赏性的中式园林局部景观模型。

①构思:研读江南古典园林的漏窗艺术,构思中式园林局部景观模型的样式。

②制作:用橡皮泥、泡沫板、卡纸、竹签、铁丝、竹筷、502胶、角尺等材料及工具制作中式园林局部景观模型。

③总结：白墙为实，窗洞为虚；白墙为纸，前景为画。在此次任务中，不仅需要掌握对立体构成材料的运用、模型的构思，还需要对传统中式造园美学有基本理解，对园林空间的尺度有一定把握，学会园林空间的虚实过渡、空间的渗透与层次的变化。

四、成果

（1）针对每种立体构成形式，分别创作完成一个有创意的图形。
（2）制作完成具有观赏性的中式园林局部景观模型1个。

4.3 色彩构成

在形态的表现中，色彩起着先声夺人的作用。"远看颜色近看花"，深刻地反映出色与形的关系。它们的相互关系体现在以下三个方面。一是色彩决定形态的总体效果，形态的整体面貌是由色彩表现的。二是从视觉传达的速度来讲，色比形快，色彩是人的第一感官印象；从视觉流程看，是从色到形的过程。色优先于形作用于人的感官视觉。三是色与形是一个不可分割的整体，色附于形，同时色彩也表现形，形也不能离开色。

随着现代色彩学的发展及人类的物质文明和精神文明不断提高，现代人们不再满足于对环境目的的明确和对生活的需要，而慢慢地注重于感性上的需求。色彩被赋予了更多的含义。园林设计也因此受到其极大的影响。色彩是设计中最具表现力和感染力的因素，经验丰富的设计师十分注重对色彩的运用，重视色彩对人的心理和生理作用，他们利用人们对色彩的视觉感受，来创造富有个性、层次与情调的环境，从而达到更强的艺术效果。

色彩学在园林设计中的应用，主要体现在对空间环境的创造和氛围的营造上。同质量、结构等硬性指标相比，色彩在软环境的塑造上发挥着重要作用。通过对整个景观环境的统一规划，合理地运用色彩能够给人们带来视觉上的审美享受；同时，运用得当的色彩可以美化环境，满足人们游憩的要求。

4.3.1 色彩的属性

自然界中的色彩是丰富多彩的，如天空是蓝色的，草地是绿色的，橘子是橙色的，但是最基本的色彩只有3种，即红、黄、蓝，其他色彩都可以由这3种色彩调和而成。这3种色彩被称为三原色（图4-57）。

自然界中的颜色可以分为非彩色与彩色两大类。其中黑、白、灰属于非彩色系列，其他的色彩则属于彩色系列。任何一种彩色都具备色相、明度和纯度3个特征。其中非彩色只有明度属性。

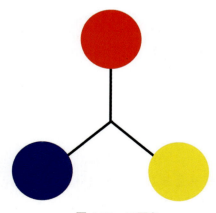

图4-57 三原色

（1）色相（图 4-58）

顾名思义，色相即各类色彩的相貌称谓。这是色彩最基本的特征。例如，紫色、绿色、黄色等都代表了不同的色相。同一色相的色彩，调整明度或纯度就很容易搭配，如深绿、暗绿、草绿、亮绿。

图 4-58　色相对比　　　　　　　　　　图 4-59　明度对比

（2）明度

明度也称为亮度（图 4-59），指的是色彩的明暗程度。明度越大，色彩越亮。不同的颜色具有不同的明度，其中黄色明度最高，紫色明度最低，绿、红、蓝、橙的明度相近，为中间明度。另外，在同一色相的明度中还存在深浅的变化，如绿色中由浅到深有粉绿、淡绿、翠绿等明度变化。

（3）纯度（图 4-60）

纯度是指色彩的鲜艳程度，纯度高的色彩纯，鲜亮。纯度低的色彩暗淡，含灰色。

图 4-60　纯度对比

4.3.2 色彩的作用

色彩是设计的重要视觉媒介。研究证实，色彩具有生理的、心理的、物理的多方面特征，给人带来不同的影响。

4.3.2.1 色彩的生理作用

人总是用视觉来最先感受环境以及色彩，色彩处理不仅影响着视觉美感，而且影响着人的情绪及工作、生活效率。研究发现，当人置身于绿色环境中时，皮肤温度可降低1～2℃，脉搏每分钟可减少4～8次，呼吸减慢，血压降低，心脏负担减轻。因此，在一些休息场所或景观环境的设计中，需要的是宜人、舒适、平和的气氛，这时就可以以自然环境色彩为主，多采用绿色来作为主体色，从而满足人们较长时间休息的生理需要（图4-61）。从生理学角度来讲，属于最佳的色彩有淡绿色、淡黄色、天蓝色、浅蓝色、白色等。任何色彩不可能是完全适宜的，但色彩性疲劳可以通过调换其他色彩来减轻。

图4-61 以绿色作为主体色的园林

4.3.2.2 色彩的心理作用

在色彩学中，把不同色相的色彩分为暖色、冷色和中间色（图4-62）。从红紫、红、橙、黄到黄绿色称为暖色或积极色，以橙色为最热，具有温暖、热烈、充实、华丽、扩张等感觉；蓝、蓝紫、蓝绿色称为冷色或消极色，以蓝色为最冷，具有寒冷、静态、平和、收缩、凉爽等感觉；紫、绿、绿黄色是中性色，具有温和、暧昧的特点。因此，色彩可改变人的空间温度感，暖色调会让人有温暖的感觉，冷色调会让人有清凉的感觉。

色彩还可以使人感觉进退、凹凸、远近的不同。

图4-62 暖色、冷色和中间色

一般暖色系和明度高的色彩具有前进、凸出、贴近的效果，而冷色系和明度较低的色彩则具有后退、凹入、远离的效果。一般说来，在狭窄的空间中，若想使它变得宽敞，应该使用明亮的冷调。由于暖色有前进感，冷色有后退感，可在狭长的空间中将远处的两壁涂以暖色，近处的两壁涂以冷色，就会使人从心理上感到空间更接近方形。

同样，环境的绿化不只是简单地栽草植树，而是要根据主题进行全方位的设计，既要考虑绿化植物与小区主体建筑之间的关系，又要考虑绿地环境色彩本身的特性。为此，对小区要进行立体绿化，要考虑植物种类的丰富度和植物本身色彩在明度、色相上的区别以及植物色彩的季节变化，尽可能做到丰富统一。

总结色彩对人产生的作用和影响有以下几点：使人产生温度感；产生重量感；造成体量感；在人的心理上产生远近感；让人产生软硬感。

4.3.3　色彩构成在园林中的运用

4.3.3.1　冷色系的色彩

冷色在色彩理论中主要是指蓝色、青色以及邻近的色彩，由于冷色波长较短，可见度低，在视觉上有很远的感觉。在园林设计中，在一些空间较小的环境边缘，可根据情况采用冷色或倾向于冷色的植物，如连翘、小黄杨、冬青、茶叶榕等植物，可增加空间的深远度或视觉上的远近感。在面积和体积上，冷色有收缩感，同等面积的色块，在视觉上冷色比暖色面积感要小，在景观设计中，要使冷色与暖色获得面积同样大小的感觉，就必须使冷色面积略大于暖色。冷色给人宁静和庄严的感觉。冷色在心理上还有降低温度的作用，在炎热的夏季和温度较高的南方，采用大面积的冷色会给人带来凉爽和宁静的感觉（图 4-63）。

4.3.3.2　暖色系的色彩

暖色系主要是指红、黄、橙三色以及这 3 种颜色的邻近色。暖色系色彩波长较长，可见度相当高，色彩感觉比较跳跃，是一般园林设计中比较常用的色彩。红、黄、橙色在人的审美情趣中象征热烈和欢快，在园林设计中多用于庆典或景区中心点，如广场中心花坛、庭院的中心景点和交通要道等（图 4-64），给人朝气蓬勃的欢快感。暖色有升高心理温度的作用，因此在北方寒冷的地区，应多采用温暖鲜艳的色彩。

4.3.3.3　对比色的色彩

园林设计使用的对比色主要以补色的对比为主。补色色相差距大，对比强烈，在设计中常使用红绿对比、黄紫对比、橙蓝对比。有时也使用同类色对比，如红黄对比、黄橙对比、绿蓝对比等。

对比色在景观中的设计适用于广场、游园、主要入口和重大的节日场面，利用对比色组成各种图案和花坛、花柱、主体造型等，能显示出强烈的视觉效果，给人以欢快、热烈、兴奋、鼓舞等视觉审美感受。例如，国庆节期间的北京天安门广场上（图 4-65），以

图 4-63　采用大面积的冷色会给人带来凉爽和宁静的感觉

图 4-64　园林中的暖色系色彩

对比色块组成大型花坛、图案造型，给人热烈、鼓舞和兴奋的感觉。常用的方法是把不同色相的植物按设计的块形或图案，使用二方连续、四方连续或独立形体中面线对比的构成方式进行设计。对比色在自然风格的造景中也多有使用，但常用单株植物而不是色块。需注意的是，在一些比较严肃的地方如政府机关，对比色要使用得当，不宜过多地使用比较强烈的对比色，以免影响其庄严的气氛。

4.3.3.4　同类色的色彩

同类色也称为同种色，是指色相差距不大、比较接近的色彩，在色轮表上指的是各色相的邻近色，如大红、朱红、土红、深红，普兰、钴兰、胡兰、紫罗兰等。这些色彩在色相、明度、纯度上都比较接近，因此，在园林设计中使用此类色彩容易把场景布置得协调，在植物组合中，能体现其层次感和空间感，在心理上能产生柔和、宁静的高雅感觉（图 4-66）。

图 4-65　国庆节期间的北京天安门广场

图 4-66　同类色在园林中的运用

4.3.3.5 黑白色彩

黑色和白色在色彩中亦称为极色,在景观项目的设计中使用率非常高,特别是经常使用于护栏、围墙等。如上海、南京、苏州等地的沿街围墙和局部护栏等,均以黑色铸铁的花格图案构成,这些黑色的护栏、围墙与五颜六色的环境形成对比,给人以高雅、端庄的稳定感,同时它的色彩比较稳定,持续时间长。此色彩系列在园林景观环境中的作用主要是装饰、点缀、增加文化内涵,若此环节设计失败,会降低整个园林设计的整体效果;反之,则能十分有效地提升园林设计的整体效果,弥补和淡化其他设计的不足,起到画龙点睛的作用。

社会的发展推动着人类物质文明和精神文明不断提高,人们对于美的追求也越来越强烈。园林设计中对于色彩的运用,其艺术思潮和风格也在不断发生变化,从地面铺装、植物配景、建筑雕塑等的色彩运用中都能呈现出丰富、多彩的景象。

【实践教学】

实训 4-3 园林设计色彩构成

一、目的

通过结合小型的园林设计效果图进行色彩构图练习,掌握色彩构成在园林设计实践中的应用,重点培养对园林色彩构成的认识。

二、材料及用具

绘图纸、卡纸、水粉颜料、马克笔等上色工具、调色板、铅笔、直尺、三角板等。

三、方法及步骤

1. 读图

研读教师提供的优秀的园林设计效果图案例,分析其色彩构成规律。

2. 上色

将教师提供的小型的园林设计效果图用马克笔或彩铅上色,要求色彩协调、图面美观。

3. 总结

园林景观离不开色彩,要从人对色彩的知觉和心理效果出发,用科学分析的方法,把复杂的色彩现象还原为基本要素,利用色彩在空间、量与质上的可变幻性,按照一定的规律组合各构成之间的相互关系,再创造出新的色彩效果。

四、成果

将教师提供的小型的园林设计效果图用马克笔或彩铅完成上色。

【小结】

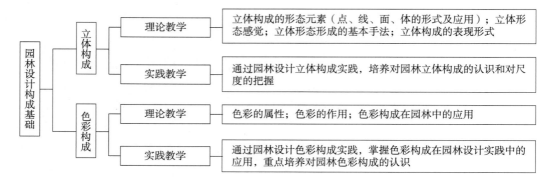

【自主学习资源库】

1. 刘素平，李征．2015．平面构成．华中科技大学出版社．
2. 陈玲．2012．立体构成．华中科技大学出版社．
3. 周冰．2011．色彩构成．西安交通大学出版社．
4. http：//so.redocn.com/（红动网）
5. http：//www.peise.net/（配色网）

【自测题】

1. 名词解释

平面构成、立体构成、色彩构成。

2. 简答题

（1）什么是三大构成？
（2）平面构成的基本要素有哪些？
（3）平面构成的基本形式有哪些？
（4）立体构成的形态元素有哪些？举例说明。
（5）立体形态形成的基本手法有哪些？
（6）立体构成的表现形式有哪些？
（7）色彩的三原色及其特征属性是什么？
（8）色彩的作用有哪些？
（9）色彩构成在园林中的应用有哪些？举例说明。

3. 综合分析题

（1）分析平面构成形式在园林设计实践中的运用。
（2）分析立体构成形式在园林设计实践中的运用。

单元 5

园林组成要素设计

【知识目标】

（1）了解园林组成要素的概念、类型、功能和作用。

（2）掌握园林地形、假山、水体、铺装路面、园林建筑与小品的设计原则。

（3）掌握园林植物的配置方法。

【技能目标】

（1）能利用园林组成要素进行简单的设计。

（2）能根据造景需要和植物生态习性因地制宜配置植物。

5.1 园林地形、假山及水体设计

5.1.1 园林地形设计

"地形"为"地貌"的近义词，是指地球表面在三维方向上的形状变化。构成园林实体的四大要素包括地形、水、植物、建筑物，地形是四大要素之首，同时也是其他要素的承载体。地形是园林的基底和骨架，一般来说，凡园林建设必先通过土方工程对原地形进行改造处理，以满足人们的各种需求。

5.1.1.1 地形在园林景观中的作用

（1）丰富园林景观

地形的起伏不仅丰富了园林景观，还创造了不同的视线条件，形成了不同性格的空间。

①凸地形和凹地形的景观效果 一般来说，凸地形较高的顶高和陡峭的坡面强烈限制着空间。一方面成为观景之地；另一方面又成为造景之地。当高处的景物达到一定体量时还能产生一种控制感，成为景观的焦点（图 5-1）。两个凸地形创造一个凹地形，凹地形比周围环境地形低，视线被遮挡，被封闭起来，所以凹地形能聚集视线，可精心布景（图 5-2）。

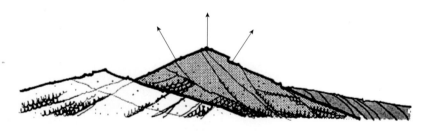

图 5-1 凸地形成为景观焦点

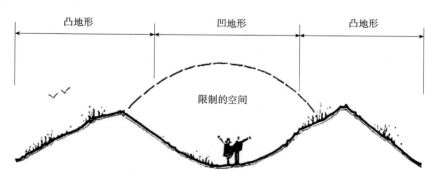

图 5-2 两个凸地形创造一个凹地形

②地形的挡与引　地形可用来阻挡人的视线、行为以及冬季寒风和噪声等（图5-3），但必须达到一定的体量。地形的挡与引应尽可能利用现状地形，将视线导向某一特定点，影响某一固定点的可视景观和可见范围，形成连续观赏或景观序列，以达到完全封闭通向景物视线的目的。

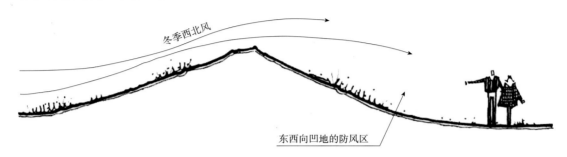

图 5-3　凹的东西向边可防御冬季寒风

③分隔空间　利用地形可以有效、自然地划分空间，使之形成具有不同功能或景色特点的区域（图5-4）。

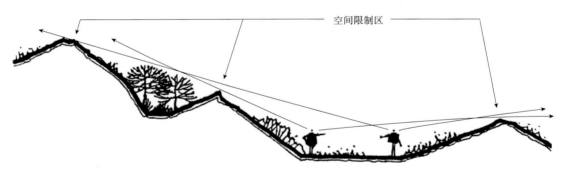

图 5-4　利用地形划分空间

（2）骨架作用

地形是园林景观构成的骨架，是园林中所有景观元素与设施的载体，它为园林中其他要素提供了赖以存在的基面，对各种造园要素的安排与设置有着较大的影响和限制。

（3）影响旅游线路和速度

地形的变化可影响人和车辆运动的方向、速度和节奏。在园林地形设计中，通常利用地形的高低变化、坡度的陡缓，以及道路的宽窄、曲直变化等设计来影响和控制游人的游览线路和速度（图5-5）。

（4）工程作用

地形可影响园林某一区域的光照、温度、湿度和风速等。采光方面，朝南的坡面一年

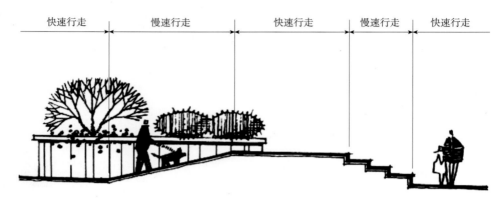

图 5-5　利用地形控制游览速度

中大部分时间保持较温暖和宜人的状态。通风方面,凸地形、土丘或山脊等可以阻挡某一方向的冬季寒风,反之,则可以用来收集和引导夏季风,用以改变局部小气候环境,形成局部微风。同时,地形也影响着地表排水。地表径流量、径流方向和径流速度都与地形有关,地形过于平坦不利于排水,容易积涝;地形坡度太陡,则径流量较大,径流速度较快,容易引起地面冲刷和水土流失。

（5）美学功能

地形可被当作布局和视觉要素来使用。建筑、植物、水体、假山等景观要素往往都以地形为依托。如凹、凸地形的坡面可作为景观的背景（图 5-6）,通过视距的控制保证景物与地形之间具有良好的构图关系（图 5-7、图 5-8）。园林设计师经常将地形设计成柔和、自然、美观的形状,使其吸引视线穿越于景观。

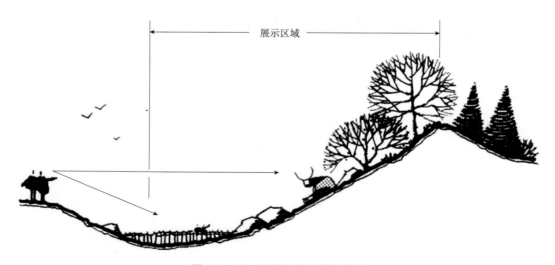

图 5-6　凹、凸地形作为景观背景

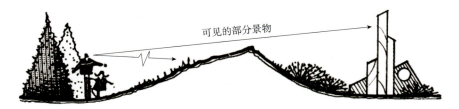

图 5-7 地形控制视距

图 5-8 地形控制视线方向

5.1.1.2 地形的类型

（1）平地

外部环境中不存在绝对平坦的地形，这里的"平地"指的是总体看起来较为水平的地面，确切描述是指园林地形中坡度小于 4% 的较平坦用地。这种地形在新型园林中应用较多。平坦的地形给人以稳定、平衡、愉快、平衡的心理暗示，适于建造建筑、游乐场、苗圃，以及铺设广场、停车场、道路、草坪草地等，以满足广大群众活动的需求（图 5-9、图 5-10）。

图 5-9 平坦地形适合建造大型喷泉广场

图 5-10 草地景观

（2）坡地

坡地指倾斜的地面。园林中结合坡地进行改造，使地面产生起伏变化，可增加园林艺术空间的生动性。

①缓坡　坡度为4%～10%，适于运动和非正规的活动，一般布置道路和建筑基本不受地形限制。缓坡可以修建活动场所、疏林草地、游憩草坪等（图5-11），但不宜开辟水面较大的水体景观。

图5-11　游憩草坪

图5-12　道路做成梯道

②中坡　坡度在10%～25%，适于山地运动和自由游乐的活动，在这种地形中建筑和道路的布局会受到限制，一般垂直于等高线的道路要做成梯道（图5-12），建筑要顺着等高线布置并结合现状进行地形改造才能修建，并且不适宜修建占地面积较大的建筑；对水体布置而言，除溪流外不宜开辟河、湖等水面较大的水体。

③陡坡　坡度为25%～50%。陡坡的稳定性较差，容易导致滑坡甚至塌方，因此，在陡坡地段的地形改造一般要考虑加固措施，如建造护坡、挡土墙等。

（3）山地

同坡地相比，山地的坡度更大，其坡度在50%以上，在园林地形中往往能形成奇、险、雄等造景效果。山地不宜布置体量较大的建筑，可以通过地形改造点缀亭、廊等单体小建筑，还可结合地形设置瀑布、叠水等小型水体。

5.1.1.3 园林地形设计的原则和步骤

（1）园林地形设计的原则

园林地形设计和改造应全面贯彻"经济、适用、在可能条件下美观"的城市建设总原则。结合园林地形的特殊性还应遵循以下原则：用为主，改造为辅；因地制宜，顺其自然；节约；符合自然规律和艺术要求。

（2）园林地形设计的步骤

地形设计步骤包括前期收集资料的准备工作和设计工作两个方面。

①收集资料　进行设计前，要详细收集各种设计技术资料，且进行分析比对和研究，对全园地形现状和环境条件的特点了解透彻。需要收集的资料主要有：园林用地及其附近地区的地形图（它的正确性决定了地形设计的质量）；当地水文、地质、气象、土壤、植物等的现状和历史资料、城市规划对该园林用地及附近地区的规划资料、市政建设及其地下管线资料（以便合理解决地形设计与市政建设其他设施可能发生的矛盾）；所在地区的园林施工队伍状况和施工技术水平、劳动力素质和施工机械化程度。

②设计工作　设计阶段的主要工作是绘制图纸，包括：绘制施工地区等高线设计图（图纸平面比例常采用1∶200或1∶500，设计等高线差为0.25～1m，图纸上要求标明各项工程平面位置的详细标高，并表示出该地区的排水方向）；土方工程施工图；园路、广场、堆山、挖湖等土方工程施工项目的施工断面图；土方量估算表；工程预算表；设计说明书。

5.1.2　园林假山设计

园林假山设计是园林设计中的一个专项，已经成为中国园林的象征。人们通常所说的假山实际上包括假山和置石两个部分。

5.1.2.1　假山

假山是以造景游览为主要目的，充分地结合其他多方面的功能作用，以土、石等为材料，以自然山水为蓝本并以艺术的提炼和夸张，用人工再造的山水景物的通称。假山体量大而集中，可观、可游，使人有置身自然山林之感。

（1）假山的作用

明代文震亨在《长物志》中记载"石令人古，水令人远；园林水石，最不可无"，计成也特别推崇依水堆筑的假山，两者在性格上一刚一柔、一静一动，起到相映成趣的效果，同时也表明了假山置石在园林中的重要性。

①空间组织作用　作为园林划分空间和组织空间的手段。

②造景与点景作用　作为自然山水园的主景和地形骨架。

③陪衬作用　运用山石小品作为点缀园林空间和陪衬建筑、植物的手段，起到景观陪衬作用。

④实用小品作用　用山石作驳岸、挡土墙、护坡、花台和室外器设等。

（2）假山的石料

①湖石　湖石是一种具有许多穴、窝、坑、环、沟、孔、洞的变异极大的石形，其外形圆润、柔曲，其石内穿眼嵌空、玲珑剔透，断裂之处呈尖月形或扇形。常见的有太湖石、房山石、英德石、宣石（图5-13）。

a. 太湖石　　b. 英德石　　c. 房山石　　d. 宣石

图5-13　湖石

②黄石　黄石是一种黄色的细砂岩。质重、坚硬、浑厚沉实、拙重顽劣，单块黄石多呈方形或长方墩状，见棱见角，节理面近乎垂直，其轮廓呈带形折转状，这类山石的皴法称为"折带皴"（图5-14）。

③青石　青灰色的细砂岩，石内有一些水平层理。那些水平层理的间隔一般不大，所以石形大多为片状，因此有"青云片"的称谓。石面有相互交织的斜纹（图5-15）。

④石笋石　多为浅灰绿色、土红灰色或灰黑色。质重而脆，是一种长形的砾岩岩石。石形修长，立于地上即为石笋，顺其纹理可竖向劈分。

⑤大卵石　产于河床之中，属于多种岩石类型。石材的颜色、种类很多，由于流水的冲击和相互摩擦作用，呈现卵圆形、长圆形或圆整的异形。

⑥黄蜡石　灰白、浅黄、深黄等色，圆润光滑，质感似蜡（图5-16）。蜡石属变质岩的一种，黄蜡石的产地主要分布在我国南方各地。

图5-14　黄石　　　　图5-15　青石　　　　图5-16　黄蜡石

⑦云母片石　青灰色或黑灰色，具云母光泽；质较重，结构较致密，但石材硬度低，易锯截和雕凿加工。石面平整，可见黑云母鳞片状构造。石形为厚度均匀的长条形板状。

⑧其他石类　如斧劈石、千层石、钟乳石、木化石、菊花石、石笋、灵璧石等（图5-17）。

5.1.2.2 置石

置石主要以观赏为主，结合某些功能作用，以山石为石材，作独立性或附属性造景的布置，体现山石的个体美或局部组合，常以石材或仿石材布置成自然露岩景观，可结合挡土墙、护坡和种植床等实用功能，来点缀园林空间。

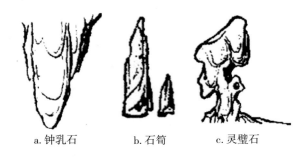

a. 钟乳石　　b. 石笋　　c. 灵璧石

图 5-17　其他石材

（1）置石的作用

置石在园林中可作为主景，也可在园林空间组合中起重要的分隔、穿插、连接、导向及扩张空间的作用。作铭牌石，又称为指路石；作驳岸、挡土墙、花台、石矶、踏步、护坡，既造景同时又具有实用功能；利用山石能发声的特点，可作石琴、石钟、石鼓等；作为室外自然式的器设，如石桌、石凳、石屏风、石栏、石榻，或掏空形成种植容器、蓄水器等，具有很高的使用价值，又可结合造景，使园林空间充满自然气息；作为古树名木的保护措施或树池；以小品的形式出现。

（2）置石的设计形式

置石在园林设计中能够以少胜多，以简胜繁，以"拳石"观天下，以石形创造精气神。根据造景作用和观赏效果方面的差异，设计形式有特置、对置、散置、群置及山石器设小品等。

①特置　将形状玲珑剔透、古怪奇特而又比较罕见的大块山石珍品设置在一定基座上供观赏，这种置石称为特置山石，也称为孤置山石、孤赏山石。特置石景的布置形式主要是单峰石布置。单峰石在选材时一般选用轮廓线凹凸变化，姿态特别，形态上具有瘦、皱、漏、透特点的高大山石布置成独立性的石景，作为视线焦点或局部构图中心，使之与环境相协调且突出主景，在环境中作为局部主题（图 5-18、图 5-19）。常在园林中作为入口的障景和对景，或置于视线集中的廊间、水边、路口、漏窗后面或园路转折处等地。此外，还可与其他建筑小品如花台、花架、水池等结合使用。

②对置　将山石沿某一轴线或在门庭、路口、桥头、道路和建筑物入口等相对的位置上，呈对称或者对立、对应状态布置，这种置石方式即为对置。作为对置的山石在体量、数量和形状上无须完全一致，可挺可卧，可仰可俯，可坐可堰，力求构图上均衡和形态上呼应，给人以稳定感（图 5-20、图 5-21）。

③散置　散置是以若干块山石布置，"攒三聚五，散漫理之，有常理而无定势"的做法。石块数量为单数，以三、五、七、九、十一来散置，基本单元是由三块山石构成，每组都有"三"在内。选择的石材大小有别、形状相异，最重要的是呈自然分布和自然形态的石形。散置的布置形式有两种。

图 5-18　留园冠云峰

图 5-19　桂林象鼻山景区（严莉 拍摄）

图 5-20　路口对置

图 5-21　门庭对置

子母石布置：应使主石绝对突出，母石在中间，子石围绕在周围。石块的平面应按不等边三角形法则处理，有聚有散，疏密结合（图 5-22）。立面上高低错落，以母石最高（图 5-23、图 5-24）。

图 5-22　子母石平面

图 5-23　子母石立面

图 5-24　子母石实景

散兵石布置：将山石布置成分散状态，石块的密度不能大，各块山石相互独立最好。石块与石块之间的关系仍然按不等边三角形处理（图 5-25 至图 5-27）。

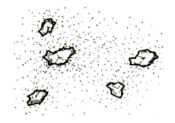  

图 5-25　散兵石平面　　　　　图 5-26　散兵石立面　　　　　图 5-27　散兵石实景

散置山石常布置于园门两侧、竹林中、山坡上、草坪和花坛边缘、粉墙前或其中、路侧、建筑角隅、水边、驳岸、阶边，与其他景物结合造景（图 5-28、图 5-29）。

图 5-28　散置于草坪　　　　　　　　　　图 5-29　布置在建筑角隅

④群置　若干山石以较大的密度有聚有散地布置成一群，石群内各山石相互联系、相互呼应、关系协调，这种置石方式为群置。群置山石注意有主有从、主次分明（图 5-30）、层次清晰、疏密相间、虚实相间，组景时要求石材大小、高低、间距远近均不等。常布置在山顶、池畔、路口、大树下、水草旁，还可与特置山石组合造景（图 5-31）。

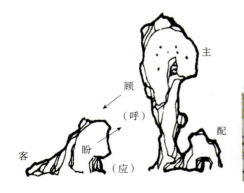 

图 5-30　主次顾盼呼应　　　　　　　　　图 5-31　群置在池畔

⑤山石器设　用自然山石作室外环境中的家具器设，如作为石桌凳、石几、石水钵、石屏风等，既有使用价值，又有一定的造景效果（图5-32、图5-33）。

图5-32　石水钵

图5-33　石桌凳

（3）置石的环境处理

置石与周围环境的融合主要有与水体、建筑、植物等的结合。

①置石与水体结合　在规则式水体中，置石可布置在池中，置石（如单峰石）的高度应小于水池长度的1/2。在自然式水体中，置石可以散置在水边，作成山石驳岸、散石草坡岸或山石汀步、石矶、礁石等（图5-34）。在与水体组景时，再配以佳树，树木使石和环境融为一体，石块在植物的点缀下随意自然，水体在浑厚的石块衬托下更显得轻盈、活泼、明澈，水石相依的幽静环境令人流连忘返（图5-35）。

②置石与建筑结合　置石与建筑相结合，陪衬建筑物，可在某种程度上打破建筑的呆板、僵硬，使其趋于自然、曲折。常见的有以下几种设置形式。

山石踏跺和蹲配：园林建筑常用自然山石做成台阶，即踏跺（图5-36）。蹲配是常和踏跺配合使用的一种置石方式。所谓蹲配，以体量大而高者为蹲，体量小而低者为配（图5-37）。可立可卧，以求组合上的变化。

图5-34　山石驳岸

图5-35　水石相依（黄艾拍摄）

图 5-36　踏跺　　　　　　　　　　　图 5-37　蹲配

抱角和镶隅：对于外墙角，山石呈环抱之势紧包墙角墙面，称为抱角（图 5-38、图 5-39）；而对于墙内角则以山石填镶其中，称为镶隅。

图 5-38　抱角　　　　　　　　　　　图 5-39　抱角实景

粉壁置石：以墙作为背景，在面对建筑的墙面或相当于建筑墙面前的基础种植部位作石景或山景布置。以粉壁为纸，以石为绘（图 5-40）。

廊间山石小品：在曲折回环的廊与墙之间形成大小不一、形体各异的小天井空隙地，可以用山石小品"补白"，使建筑空间小中见大，活泼无拘（图 5-41）。

漏窗、门洞透景石：清代李渔首创将建筑内墙上原来挂有山水画的位置开成漏窗，然后在窗外布置竹石小品之类的景物，使景入画，称为"无心画"，以"尺幅窗"透取"无心画"（图 5-42）。

云梯：云梯即以山石掇成的室外楼梯。既可节约使用室内建筑面积，又可成自然山石景（图 5-43）。

此外，山石还可作为园林建筑的台基、支墩、护栏和镶嵌门窗装点建筑物。

图 5-40　粉壁置石　　　　　　　图 5-41　廊间山石小品

图 5-42　无心画　　　　　　　图 5-43　云梯

③置石与植物结合　置石与植物组景，常用石块填充植物下部或围合根部，或衬托优美的树姿。二者互补，让本来呆板、僵硬的山石线条在植物的点缀映衬下显得自然随意、富有野趣。如常见的蕉石小景、竹石小景、苏铁置石、梅石小景等（图 5-44、图 5-45）。

5.1.3　园林水体设计

水是构成自然景观的重要因素之一，也是自然界最为活跃的因素。由于水与山、植物、气候、季节变化等因素的相互影响，形成很多奇妙的自然景观。无论是李白笔下"飞流直下三千尺"的瀑布，还是苏轼笔下的"大江东去浪淘尽"，水永远有着巨大的吸引力。自古以来，水是园林中最活跃的要素，也是人们生活和娱乐离不开的元素。水景以清灵、妩媚、活泼见长，为园林造景增加动感、空灵感和生机，是园林的灵魂。水不仅能够提供视觉欣赏，还可提供听觉和触觉欣赏。东、西方园林都重视水的利用和水景的创造，但其处理手法不同。东方园林重视意境，手法自然（图 5-46）；西方园林偏重视觉，讲究格局和气势，处处显露着人工造景的痕迹（图 5-47）。

图 5-44 蕉石小景

图 5-45 竹石小景

图 5-46 北京北海公园

图 5-47 意大利埃斯特庄园

5.1.3.1 水景的类型

按照不同的标准,水景可分为不同的类型。

(1) 按水体的形式分

①自然式水体　自然式水体是指边缘不规则、变化自然的水体,如保持天然的或模仿天然形状的江、河、湖、溪涧、泉、瀑布等。自然式水体在园林中随地形而变化,有聚有散,有直有曲,有高有下,有动有静(图 5-48)。

②规则式水体　规则式水体是指边缘规则、具有明显轴线的水体,一般是人工开凿成的几何形状的水面,如规则式水池、运河、水渠、水井,以及喷泉、叠水、人工瀑布等,常与山石、雕塑、花坛、花架、铺地、路灯等园林小品组合成景(图 5-49)。

图 5-48　自然式水体——溪涧驳岸

图 5-49　规则式水体——喷泉花坛

③混合式水体　混合式水体是自然式水体和规则式水体两种形式的交替穿插或协调使用，吸收了两种水体的特点，使水体更富于变化，特别适用于水体组景。

（2）按水体的状态分

①静水　静水是不流动的、平静的水，如湖泊、水塘、水池、水井等。静水宁静、轻松、温和，可以形成景物的倒影，给人以明净、开朗、幽深、虚幻的感受，加强人们的注意力（图 5-50）。

②动水　常见的跌水、瀑布、叠落、喷泉等为动水。动水明快、活泼、多姿，具有活力，且令人兴奋、激动。动水以声为主，声形兼备，给人视听双重美感。一般都由水泵提供水源动力（图 5-51）。

图 5-50　宁静的湖面（黄艾　拍摄）

图 5-51　欢快的叠水

5.1.3.2　水的特性与功能

（1）水体的一般特性

①可塑性　水体没有固定形态，不同水体造型取决于容器的大小、形状、高差和材料

结构变化。

②折射性　构筑物表面色彩随水层的折射而变化，使水体呈现不同色彩（图5-52）。

③倒影性　宁静的水面具有良好的倒影表达特征，呈现出环境色彩（图5-53）。

图 5-52　美国密苏里植物园秋景

图 5-53　武汉东湖

④波浪性　被流水冲动、风吹或人为触动时体现。

（2）水的景观功能

①基底作用　大面积的水面视域开阔、坦荡，有托浮岸畔和水中景观的基底作用。

②主体焦点作用　以水为造景主体，形成一定的视线焦点，突出水景在陆地环境中的视觉价值，使之成为景观环境中的主体景观。

③系带作用　利用线型的水体将不同的园林空间和景点连接起来，形成一定的风景序列，或者利用线型的水体将散落的景点统一起来。通过充分发挥水体的系带作用来创建完整的水体景观，避免景观结构松散。

④灵动作用　水景观的运用使不变的场所具有可变的视觉要素，使得环境有了一些不确定性，由此产生灵动感。

（3）水的生态功能

①调节气候　水体能够增加空气湿度，清洁空气，调节地区小气候，控制噪声，改善地区生态环境。

②保持生物多样性　水体为动植物提供了繁衍生息的必要条件，为保持生物多样性起着关键作用。

③防灾　水景观是人们对水资源开发和利用的体现，防灾是其中重要的目的。"蓄水""导水"体现其主要功能，可调节水资源的地域、季节分配不均，避免各种自然灾害，起到防洪、防火、抗旱等作用。

5.1.3.3 水景的设计原则和设计要求

（1）设计原则

①自然因素优先考虑原则　在水景设计中应尊重水的自然规律，利用自然力的作用，如光、风、水等自然因子对环境的塑造，减少过多的人工痕迹；注重水域边缘；维持生物多样性。

②整体性原则　保证水景边界的连续性，营造边界的韵律感与整体性。

③满足安全性原则　应充分考虑到各项安全保障措施，设立多种保护与警示设施。

④地方性原则　要充分体现具体场地的环境特色，适应本地域的自然循环和自然地理条件，体现场所的特征。

（2）设计要求

①适宜性　充分利用自然环境，保护和利用现有的地形、地貌、水体、绿化等自然生态条件，根据功能要求、空间布局，合理规划水体的走势、大小，协调水景与整个环境的关系，满足功能和美观的双重要求。

②观赏性　通过充分利用声、光、建筑、自然生态（植物、动物）等媒介，使水体在环境景观中营造出多种优美的视觉景观效果。

③亲水性　通过合理设计水体的深浅、水景的形式、池岸的高度等，可以让水体具备游乐性与参与性的特征，使人们可以在水景环境中享受到亲水的乐趣（图5-54、图5-55）。

图5-54　小水面亲水

图5-55　大水面亲水

5.1.3.4 水景设计

（1）静水景观设计

①水池的平面形式　水池属于静水，面积可大可小，形状可方可圆。水池用于规则式园林中，水体外形轮廓为有规律的直线或曲线闭合而成的几何形，大多采用圆形、方形、矩形、椭圆形、梅花形、半圆形等，线条简单，常采用垂直水岸。

自然式水池的外形轮廓由无规律的曲线组成。设计水体的岸线应该以平滑流畅的曲线为主，体现水的流畅柔美。驳岸及池底尽可能以天然素土为主，且与地下水相通，降低水体的更新及清洁费用。自然式水池的驳岸常结合假山石进行布置。

水池设计的基本要求：水池的形态与整体环境的风格统一；水池面积要与环境的面积保持相应的比例；装饰材料要与周边景观环境材料相协调；水池深度要与水面的大小相适应，并注意池底的排污处理和水面的溢水处理。

②湖的布置要点　湖属于大面积的静水，可获取倒影和扩展空间。要注意湖岸线的滨水设计和"线形艺术"，以自然曲线为主，湖的形式多采用仿生曲线进行展现，讲究自然流畅，开合相映。

③水的分割　一般采用堤、桥、岛屿、植物等对水面进行分割（图5-56、图5-57）。

堤：用于分割大水面，结合植物、桥、水榭、亭、廊等。

桥：一般结合堤、岛、建筑、观景平台与舞台等。

岛屿：分割大水面，如古典园林中的"一池三山"。

植物：结合岸线分割空间。

图5-56　颐和园玉带桥

图5-57　采用植物、景观平台对水面进行分割

（2）流水景观设计

流水因地形的高差而形成，形态因水道、岸线的制约而呈现。流水景观设计分为自然流水景观设计与人工流水景观设计。

①自然流水景观设计　是在水域岸畔环境中，依据设计总体思路，找出其中干扰视觉的物象因素进行优化设计，对水岸线、护坡、河道、桥梁、建筑、观景平台、道路、植被等环境因素进行适度整治和建设，虽受其已有河道、沟渠、深浅、高差等方面的限制，但自然的景色与无修饰的流水动态足以具有最佳的风景表现力（图5-58）。

②人工流水景观设计　是在无自然河流的城市环境中进行水景设计，需根据设置场所的地形、地貌、空间大小和周边环境情况，考虑水景设计的规模、流量、缓急、河道、形态、植物配景以及其他景观设施的相互对映等形式内容。人工流水景观设计在形式上应更好地体现水在环境中的作用，体现巧妙的创意和人工精致的景观作品（图5-59）。

图 5-58　自然流水景观　　　　　　　图 5-59　人工流水景观

（3）跌水景观设计

跌水顾名思义即跌落的水，是水景设计中的常用形式，它是流水景观的演变，是由水道产生突然性的地形高差变化形成，在自然环境中是屡见不鲜的水流现象。由于地形、地貌的不同，跌水的形式也各不相同，最为常见的是瀑布和叠水。

①瀑布　瀑布是地形较大的落差变化，使水流呈现直落或斜落的立面水面。瀑布常见的有线状、点状、帘状、片状和散乱状等多种形式，这些形式是由地形、地貌、水流量和出水口的大小决定的。地形的落差决定瀑布形成的高低；地貌的凹凸决定流落的形状；水流量的多少决定跌落的形式；出水口的大小决定瀑布的规模和宽窄（图 5-60、图 5-61）。

②跌水　跌水是多重跌落的流水，是瀑布的另一种形式，在其水面的外形规模上比瀑布小，呈阶梯形落差，规律性强。跌水的形式也极其丰富，有水帘、洒落、涌流、管流、壁流等。由于跌水形式表现较为丰富，因此水景的造型相对复杂，其造型方式有阶梯式、塔式、错落式等。在营建方式上分为两类：一是仿生自然式跌水（图 5-62）；二是人工规则式跌水（图 5-63）。

图 5-60　自然瀑布　　　　　　　　　图 5-61　人工瀑布

图 5-62　仿生自然式跌水

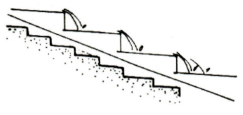

图 5-63　人工规则式跌水

（4）喷泉景观设计

喷泉是水在外力作用下形成的喷射现象，是城市环境中常见的水景形式。喷泉由于造型多变及可调节喷射方式，深受广大观赏者和设计者的青睐。

①喷泉的形式　喷泉的形式种类繁多，以喷水形状分类，有线状、柱状、扇状、球状、雾状、环状和可变动状等；以规模分类，有单射、阵列、多层、多头等；从可控制分类，有时控、声控和光控等；以喷射方向分类，有垂直喷射、斜喷和散喷等。

②喷泉的规模　设计师根据景观场地的条件进行总体水景形式设计，由不同的喷头设备，进行不同的排列组织，形成不同效果、不同层次的喷泉景观。场地空间较小的环境，喷泉设计应采用小规模的喷泉组合，反之，则设计成大规模的喷泉（图 5-64、图 5-65）。

图 5-64　大规模喷泉

图 5-65　小规模喷泉

5.1.3.5 水的配景

水体景观很少单独存在，一般与建筑搭配，或与石景结合，或与植物相融，营造丰富的园林景观。

（1）建筑配景

水景旁常用的园林建筑，除亭、廊、枋、榭之外，在现代园林中景墙的运用也较为广泛（图5-66）。

（2）石景的配置

《园冶》一书中多次谈到："假山依水为妙。倘高阜处不能注水，理涧壑无水，似少深意。"又云："池上理山，园中第一胜也。若大若小，更有妙境。就水点其步石，从巅架以飞梁；洞穴潜藏，穿岩径水；峰峦飘渺，漏月招云。"（图5-67）山石是大自然散落的美，一方山石构成了一种自然的山水，不同的个体有着不同的韵味：壁立当空、挺拔峻峭者谓之"瘦"，四面玲珑、上下相通者谓之"漏"，轻盈飘逸、晶莹通澈者谓之"透"，石纹起伏、凹凸不平者谓之"皱"，色泽苍老、拙劣朴实者谓之"丑"。正如赵继恒在诗中所言：叠叠高峰映碧流，烟岚水色石中收。

图5-66 水景墙

图5-67 庭院水景

（3）植物配景

①水体植物的配置原则　水体植物的配置应符合生态性、艺术性和多样性原则。

生态性原则：种植在水边或水中的植物在生态习性上有其特殊性，必须选用耐水湿植物或水生植物，设置自然驳岸时更应注意。

艺术性原则：水给人以亲切、柔和的感觉，水边配置植物宜选树冠浑圆、枝条柔软下垂或枝条水平展开的植物，如垂枝形、拱枝形、伞形等。宁静、幽静环境的水体周围，植物宜以浅绿色为主，色彩不宜太过丰富或显得过于喧闹。在水上开展活动的水体周围，则植物色彩以鲜亮为主。

多样性原则：根据水体面积大小，选择不同种类、不同形体和色彩的植物形成景观的多样化和物种多样化。

②不同水体植物配置要点　根据水体的形式不同，植物配置也相应随之变化。

湖：湖的驳岸线常采用自由曲线，或石砌，或堆土，沿岸种植水湿植物，高低错落，远近不同，与水中的倒影相呼应。水岸种植时以群植为主，注重群落林冠线的丰富以及色彩搭配。

池：在较小的园林景观中常建池，以获得"小中见大"的效果。水边植物配置突出个体姿态和色彩，植物种植多以孤植为主，营造宁静的气氛；或利用植物分隔水面空间，增加层次，同时可创造活泼和宁静的不同景观（图 5-68）。

溪流：溪流是一种动态景观，但往往处理成动中取静的效果。两侧多植以密林或群植树木，溪流则在林中忽隐忽现（图 5-69）。

图 5-68　水池景观

图 5-69　溪流景观

喷泉和跌水：喷泉和跌水本身不需要配置植物，一般常在其周围搭配花坛、草坪、花台或圆球形灌木等，并选择合适的背景。

【实践教学】

实训 5-1　山林安静休息区的丘陵坡度地形设计

一、目的

在某公园环境景观设计方案平面图（图 5-70）的基础上，分析其地形构成特点，能够根据竖向设计要求，完成山林安静休息区的丘陵坡度地形设计平面图。

二、材料及用具

A3 绘图纸、三角尺、直尺、铅笔、绘图笔等。

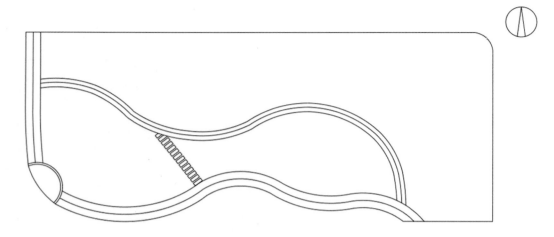

图 5-70 某公园环境景观地形设计方案平面图

三、方法及步骤

1. 设计分析

（1）确定某地区北部山林安静休息区的丘陵坡度地形主要是坡地类型中的中坡（坡度 10%～15%）和陡坡（坡度 25%～50%）。地形起伏高度控制在 1.7m 左右，基本可以控制游人视线，考虑地形与植物配置结合形成有序的封闭和半封闭的安静空间。通过丘陵坡度地形的自然起伏，视线上自然隔断了公园外围道路的影响。

（2）不同土丘之间注意相互呼应，主要通过山脉（即山脊线）的相互呼应。各土丘高低错落，有主次。

2. 设计要点与结论

（1）以道路围合的绿地为范围，营造土坡，控制坡度一般为 25%。一般等高线轮廓基本与绿地被道路围合的轮廓相似。如山林安静休息区中的 1 号、2 号、4 号土丘。

（2）有时园路纵断面也设计成高低起伏，因此等高线可穿插道路，使园路起伏而富有变化，增加游人游园的乐趣。如 3 号土丘的等高线与园路穿插。

（3）该公园山林安静休息区的丘陵坡度地形由 4 个土丘组成，确定设置高程分别为：25.700m、25.700m、25.600m、26.100m。以绿地的基本控制高程（24.400m）为基准，土丘高度控制在 1.2m、1.7m、1.1m，使土丘之间有主次之分。同时注意山脊线的呼应，如 2 号与 4 号、1 号与 3 号土丘之间。

3. 制图要点

（1）同一张图纸上的相邻等高线的高差应相同。在园林设计竖向设计图中等高线高差

（等高距）一般取 0.1～0.5m。将本图中等高线的高程起始设置为 0.000m，等高线的等高距为 0.5m。

（2）判断土丘最大坡度的方法：土丘等高线中水平距离最近的相邻等高线水平距离与等高距的比值即为土丘最大坡度。如 3 号土丘相邻等高线最近水平距离为 1.100m，等高距 0.5m，则该处坡度为 45%。

4. 图纸绘制

综合运用"单元 2　园林设计表现技法"中相关知识，完成图纸的手工绘制。

四、成果

完成 A3 图幅的山林安静休息区的丘陵坡度地形设计平面图（图 5-71）。

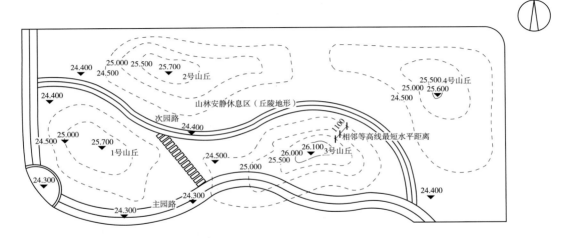

图 5-71　山林安静休息区的丘陵坡度地形设计平面图

5.2　园林（硬质）铺装路面设计

园林铺装其实是一种地面装饰，即在园林环境中运用任何硬质的自然或人工的铺地材料，将原有的天然路面进行铺设装饰，使地面美观。

作为园林景观的一个有机组成部分，园林铺装主要通过对园路、空地、广场等进行不同形式的图案材料色彩组合，贯穿游人游览过程的始终，在营造空间的整体形象上具有极为重要的影响。铺装的园林道路，在园林环境中不仅具有分割空间和组织路线的作用，而且为人们提供了良好的休息和活动场所，同时还直接创造出了优美的地面景观，给人以美的享受，增强园林艺术的效果。

受可持续发展理论和以人为本的设计思想的影响，传统的铺装方式和铺装技术已不能适应当今经济、文化、城市建设发展的需要，人们对铺装景观艺术的要求更趋于人性化和个性化。园林中铺装的色彩、质感、形式等越来越受到风景园林设计师们的厚爱和关注,铺装材料和施工技术的发展也取得了长足的进步并进行大力推广。

5.2.1 园林铺装的表现要素

铺装形式多样,但是万变不离其宗,主要是通过构形与尺度、色彩、质感等相互组合产生变化。

5.2.1.1 铺装的构形与尺度

(1)铺装的构形

在铺地景观中,构形是不容忽视的。构形设计要体现形式美原则,即统一、对比、比例、韵律、节奏、动感等。

①铺装构形中的要素

铺装构形中的点:点是构成万事万物的基本单位,是一切形态的基础。点是景观中已被标定的可见点,在特定的环境烘托下,背景环境的高度、坡度及其构成关系的变化使点的特性产生不同的情态。点的不同形态和组合能够形成多种视觉心理。序列的点可以使人感知到线,点的大小序列产生不同方向、远近连续的点,点的等距排列形成安定、均衡的点(图5-72),还有富有韵律的点、形成节奏的点、充满动感的点(图5-73)、向外扩张与向内积聚的点等。

图 5-72　点的等距排列　　　　图 5-73　点的远近连续形成动感

铺装构形中的线:景观中存在着大量的、不同类型和性质的线形形态要素。线有长短、粗细之分,由点不断延伸运动组合而成,是环境中非常活跃的形态要素。线有直线、曲线、折线、自由线等,各自拥有不同的性格。如直线寓意性格挺直、单纯,是男性的象征,表现出了简单、明了、直率的特点,给人以静止、安定、严肃、上升、下落之感(图 5-74)。从线的方向来看,不同方向的线会反映出不同的感情性格,可以根据不同的需要加以灵活运用。斜线是直线的一种形态,它介于垂直线和水平线之间,相对这两种直线而言,斜线有一种不安全、缺乏重心平衡的感觉,但它有飞跃、向上冲刺或前进飞跃的感觉;折线给人转折、变幻的导向感。

图 5-74　直线铺设形式给人上升下落之感

曲线与直线相比,则会产生丰满、优雅、柔软、欢快、律动、和谐等审美上的特点,它是女性美的象征。曲线又可以分为自由曲线和几何曲线。自由曲线是富有变化的一种形式,它主要表现自然的伸展,并且圆润而有弹性(图 5-75)。它追求自然的节奏、韵律性,比几何曲线更富有人情味。几何曲线由于它的比例性、精确性、规整性和单纯中的和谐性,使其形态更有符合现代感的审美意味(图 5-76)。在施工中加以组织,常会取得比较好的效果。

图 5-75　自由曲线给人一种导向性　　图 5-76　几何曲线给人一种和谐感

铺装构形中的面：从几何学上讲，面是线的不断重复与扩展。面的形式多种，不同组合可以形成规则和不规则的几何面，具有不同的性格特征。平面能给人空旷、延伸、平和的感受；曲面组合形成的铺装则极具现代感，使人感到空间的流动与跳跃，但设计者必须具有高度的创意设计能力，否则就会出现影响视觉进而扰乱步行节奏等问题。

②构形基本形式

重复形式：构形中的同一要素连续、反复有规律地排列谓之重复，它的特征就是形象的连接。重复构形能产生形象的秩序化、整齐化，画面统一，富有节奏美感。同时，由于重复的构形使形象反复出现，具有使人加强对此形象的记忆的作用。重复构形的一个基本条件是重复的基本形、重复的骨格。重复的基本形就是构成图形的基本单位反复出现，重复的骨格就是构形的骨格空间划分的形状、大小相等，给基本形在方向和位置方面的变换提供了有利条件，从而可以进行多方面的变化（图5-77）。

渐变形式：渐变是基本形或骨格逐渐、有规律地顺序变动，它能给人以富有节奏、韵律的自然美感，呈现出一种阶段性的调和秩序。一切构形要素都可以取得渐变的效果，如基本形的大小渐变、方向渐变、形状渐变等，通过这些渐变产生美的韵味。

大小渐变是基本形从起始点至终点，按前大后小（或前小后大）的空间透视原理编排的渐次由大到小（或由小到大）的变化（图5-78），这种变化可以形成空间的深远感。对基本形进行排列方向的渐变，可能加强画面的变化和动态感。在构形中，为了增强人们的欣赏情趣，可以采用一种形象逐渐过渡到另一种形象的手法，这种手法称为形状渐变。

发射形式：发射是特殊的重复和渐变，其基本形或骨格线环绕一个共同的中心构成发

图 5-77　重复使得画面统一

图 5-78　大小渐变形成空间深远感

射状的图形。特点是由中心向外扩张或由外向中心收缩，视觉效果强烈，令人注目，具有强烈的指向作用，富有一定的节奏和韵律。所有的发射骨格均由中心和方向构成。发射形式有离心式发射、向心式发射、同心式发射、移心式发射、多心式发射。

离心式发射是一种发射点在中心部位，其发射线向外发射的构形形式，它是发射骨格中应用较多的一种主要形式。向心式发射的发射骨格与离心式发射方向相反，其中心点在外部，从周围向中心发射。同心式发射的发射点是从一点开始逐渐扩展的，如同心圆或类似方形的渐变扩展所形成的重复形。移心式发射是根据图形的需要，发射点按照一定的动势有秩序地渐次移动位置，形成有规则的变化。移心式发射的发射线可以是圆形、方形，也可以是直线。这种构成形式能表现出既有空间感，又有曲面的效果。多心式发射构形即以数个点进行发射构成，其中有的发射线相互衔接，组成了单纯性的发射构形，这种构形效果具有明显的起伏状，层次感也很强（图5-79）。发射构图还可以多种形式组合应用，采用多种不同的手法交错表现，来丰富作品的表现力。

发射构成的图形具有很强的视觉效果，形式感强，富有吸引力，因此，在铺装景观设计尤其是广场的铺装设计中常会采用这种形式的构图。

整体形式：在铺装景观中，尤其是广场的铺装，有时还会将整个广场作为一个整体来进行整体性图案设计。在广场中，将铺装设计成一个大的整体图案，可取得较佳的艺术效果，并易于统一广场的各要素和求得广场的空间感，烘托广场的主题（图5-80），充分体现其个性特点，成为城市中一处亮丽的景观，给人们留下深刻印象。

③构形基本手法

轴线：轴线是我国传统设计思想中最重要的设计手法，是构成对称的要素，从气势雄伟壮观的北京故宫，到江南幽雅恬静的私家宅院，对称的景观随处可见。轴线贯穿于两点之间，围绕轴线布置的空间和形式可以是规则的，也可以是不规则的。有时候轴线是可见

图5-79　多心式发射构成使地面具有起伏感

图5-80　整体图案设计烘托主体

的，给人以明显的方向性和序列感；有时候轴线又是不可见的，它强烈地存在于人们的感觉中，使人能够领会和把握空间，增强了空间的可读性。运用轴线合理组织与安排铺装空间及景观构图，可以给人强烈的空间感染力，达到景观环境设计的井然有序和完整统一（图5-81）。

图 5-81　轴线布置使景观环境井然有序

重心：重心一般泛指人对形态所产生的心理量感上的均衡。重心的位置和形态，通常决定了景观环境的主题。重心可以是平面的中心，也可以偏离中心设置，通常是人们视线的焦点和心理支撑点。重心在铺装构形设计中同轴线一样得到广泛应用，尤其是小面积的地面铺装多采用重心的构图设计手法来强调空间环境的主题，加深人们对景观环境的印象（图5-82）。

图 5-82　强调空间环境的主题

个性化设计：在铺地景观的构形设计中还经常运用文字、符号、图案等焦点性创意进行细部设计，以突出空间的个性特色。这些带有文字、符号、图案的焦点性铺装部分具有很强的装饰性、趣味性，有的充满地方色彩，有的表现地图内容，有的具有指向、标示作用，也有的等间距排列作路标使用。它们能有效地吸引人们注目，赋予空间环境文化内涵，增强了环境的可读性与可观赏性，非常有助于树立景观的形象（图5-83）。

图 5-83　突出空间的文化内涵

（2）铺装的尺度

尺度的处理是否得当，是城市景观铺装设计成败的关键因素之一，其对人的感情、行为等都有巨大的影响。尺度是空间或物体的大小与人体大小的相对关系，是设计中的一种度量方法。城市设计所提及的尺度可狭义地定义在人类可估计的范围内的尺度上。

①尺度　人体尺度是以人为度量单位并注重人的心理反应的尺度，是评价空间的基本标准。以人为度量单位，空间很大时，感觉很空旷。小尺度很容易度量和体会，是可容少数人或团体活动的空间，如小公园、小绿地的铺装景观等，给人的体会通常是亲切、舒适、安全等（图5-84）。大尺度是一种纪念性尺度，其尺度远远超出人对它的判断，如纪念性广场、大草坪等，给人的感受通常是雄伟、庄严、高贵等（图5-85）。

图 5-84　小尺度空间给人舒适感　　　　　图 5-85　大尺度空间给人雄伟感

②确定尺度大小的原则　对于一项具体的铺装景观工程，由于使用功能不同，周围环境风格迥异，其尺度的选择也不尽相同。娱乐休闲广场、商业广场、儿童广场、园林、商业步行街、生活性街道等的铺装设计应该严格遵循"以人为本"的设计原则，采用人体尺

度或小尺度，给人以亲切感、舒适感，吸引更多的人驻足观赏、娱乐、休憩、交往、购物等。"以人为本"的原则并不是否定了大尺度，现代化城市中大尺度和小尺度应该是并存的，这样才符合社会发展的需要。

铺装尺度的选择还应考虑视觉特性的影响。如果要使快速运动的人看清物体和人，就必须将它们的形象大大夸张。在高速公路两侧，标志和告示牌都必须巨大而醒目才能被看清。同理，在交通干道、快速路，铺装设计要充分考虑到行车速度的影响，以乘客的视觉特点为主，设计中采用大尺度会获得更好的效果，这也更加体现了"以人为本"的设计原则。

5.2.1.2 铺装的色彩与质感

（1）铺装的色彩

色彩是心灵表现的一种手段，它能把设计者的情感强烈地贯入人们的心灵。铺装材料的色彩多种多样，不同产品的色相、明度、纯度千变万化，这使得铺装的配色变化也更加微妙而丰富。

色彩是在铺装中最易创造气氛和情感的活跃因素，良好的色彩处理能给人们带来欢快与愉悦感。我国是一个国土辽阔、民族众多的国家，对色彩的喜爱也有差别。在园林铺装景观中，合理利用色彩对人的心理效应，如色彩的感觉、色彩的表情、色彩的联想与象征等，可以形成别具一格的铺装景观，让素来以灰色为主调的地面充满生机和情趣，与蓝天白云、青山绿水、多彩花园一起营造优美的园林空间，让人们的生活更充满精彩和乐趣。

①色彩的感觉　色彩给人的感觉有大小感、进退感、轻重感、冷暖感、软硬感、兴奋沉静感和华丽朴素等。一般来讲，红、橙、黄等暖色是前进色，有向前凸出感；蓝、绿等冷色是后退色，有凹入感。另外，明度高者，视之似进；明度低者，视之似退；明度高者感轻，明度低者感重；红色系使人感觉暖，蓝色系使人感觉冷。无彩色中，白色使人感觉冷，黑色使人感觉暖（图5-86）。

色彩的软硬感（图5-87）与色彩的明度、纯度相关。明度高、纯度低的色彩使人感到柔软，明度低、纯度高的色彩使人感到坚硬。红、橙、黄纯色能给人以兴奋感，称为兴奋色；而蓝、绿色给人以沉静感，称为沉静色。从纯度方面说，纯度高的色彩给人华丽的感觉，纯度低的色彩给人朴素的感觉；从色相方面讲，暖色给人华丽的感觉，冷色给人朴素的感觉；从明度方面说，明度高的色彩给人华丽的感觉，而明度低的色彩给人朴素的感觉。

②色彩的表情、联想与象征　每一种色彩都有自己的表情，会对人产生不同的心理作用。联想和象征是色彩心理效应中最为显著的特点，可以利用这一特点来实现铺装景观的功能。

图 5-86　铺装的黑、白、灰色　　　　　　　　图 5-87　色彩的软硬感

红色象征着幸福吉祥，能使人兴奋，同时红色又给人留下恐怖心理，象征着流血和危险；橙色能使血液循环加快，而且有温度上升的感觉，是色彩中最活泼、最富有光辉的色彩；黄色是最明亮的色彩，给人明快、泼辣、希望、光明的感觉。绿色是人们视觉中最能适应的一种色彩，绿色显得平静；蓝色让人感到雅致而冷静，与红、橙等暖色在一起，营造出深远的空间效果。白色具有光明的性格，又能将其他色引为明亮。白色的性格内在，让人感到快乐、纯洁，而毫不外露。黑色在视觉上是一种消极的色彩，给人稳定、深沉、严肃、坚实的感觉。一般认为大面积的白色、黑色路面单调乏味，因此，进行景观铺装，使道路彩化，可更具吸引力。但这并不意味着铺装的色彩设计排除白色与黑色，灰色是白色与黑色的混合色，由于灰色明度适中，因此它能使人的视觉得到平衡。

此外，色彩之间搭配也是非常重要的，不同的色彩搭配会产生不同的效果。例如，黄、白搭配显得欢快、明亮，红、黑搭配显得稳重、深沉，蓝、绿搭配显得雅致、宁静等。

（2）铺装的质感

所谓质感，是由于感触到素材的结构而有的材质感，它是景观中的另一活跃因素。铺装材料的表面质感具有强烈的心理诱发作用，不同的质感可以营造不同的气氛，给人以不同的感受（图5-88）。不同质地的材料在同一景观中出现，必须注意其调和性，应恰当地运用相似及对比原理，组成统一和谐的园林景观。

①第一、第二质感　如何让路人无论是远观还是近观都能感受到良好的质感美是施工中必须要关注的问题。对于广场和人行道上的人们，可以很清楚地看到铺装材料的材质，称之为材料的第一质感；而对于车上的乘客，由于所处距离较远，以至于看不清铺装材料的纹理，为了吸引这些人的注意，满足他们的视觉要求，就要对铺装砌缝以及铺装构图进行精心设计，这些就形成了材料的第二质感。

图 5-88　各种铺装材料的质感

设计师要充分了解从什么距离如何可以看清材料，才能选择适用于各种不同距离的材料，这对提高外部环境空间景观是很有利的。

②视觉、触觉质感　人们用肉眼感知不同材料时会产生不同的视觉质感，从而获得不同的视觉美感；而通过触觉感知不同材料的表面时会产生不同的触觉质感，从而获得不同的心理感受。因此，在铺装景观设计中，巧妙、灵活地利用质感可以给空间带来丰富的内涵和感染力，同时会对人们产生心理暗示，继而指导人们的行为。可以说，质感是实现铺装景观功能必不可少的要素之一，其设计是铺装景观设计中极其重要的一环。比如，鹅卵石具有按摩的作用，人走于其上，有很强的空间感和导向性（图 5-89）。

图 5-89　鹅卵石用于庭院设计中具有健身按摩和导向作用

5.2.2 园林铺装的功能

5.2.2.1 交通功能

（1）影响行走速度

铺装的材质和形式不同，会影响人的行走速度。从材质上来讲，当地面采用光滑的材料铺装时，人们行走轻便，速度相应也快；反之，地面铺装为鹅卵石或高低不平的地砖时，人们行走速度相应放慢。从铺装的形状来看，路面的铺装越窄，人们行走的速度越快；路面铺装较宽，人们反而有机会停下来休息，且不妨碍其他人的通行。再者，人们行进的节奏受地面铺装材料的间距、接缝距离、材料差异等的影响。

（2）导向性

当地面铺装形式为一条带状或带有方向性的线条时，它能够提供明确的指导性和方向性，人们视线会不自觉地跟随地面导向而向前移动，从而到达预定的场景中。

（3）空间划分

园林铺装通过材料或样式的变化体现空间界限，在人的心理上产生不同暗示，达到空间分隔及功能变化的效果。地面铺装材料在空间中的变化，能暗示空间的不同性质和用途。在一个场地中，其功能分区若发生改变，对应的铺装材料也应改变，以引起人的注意。当场地中没有任何突起的标志物或垂直的物体时，不能形成空间，但通过地面铺装的改变可以创造一个人的心理场。

5.2.2.2 承载功能

作为进行各种活动的场所，铺装成为载体，为活动、交往、休息提供空间，满足户外活动的需求。这类铺装多与绿化相结合，组成不同的功能分区。

（1）为游人提供高频率的使用空间

铺装材料具有相对稳定、不易变化、较为永久的特点，因而成为不随时间变化的稳定地面覆盖物。与草坪或地被物相比较，有铺装材料的地面能经受住长期而大量的践踏磨损，从而不会损伤土壤表层的特性。另外，铺装材料的景观效果一年四季不受任何气候影响。

（2）为游人提供休息场所

当某个空间中的铺装地面以相对较大、无方向性的形式出现时，暗示着一种静态停留、休息之感。它常应用于道路的停留点或休息地，或景观中的交汇中心空间等，一般结合石桌、石椅、亭台等休息设施布置于园林小空间中。

5.2.2.3 景观功能

（1）与周围建筑风格协调统一，维系整体关系

当空间内存在多个相对独立的元素时，除了运用植物和墙体的联系使之形成连续的视觉景观外，还能运用铺装的形式使各个元素间形成联系。具有独特和明显形状的铺装，使

人容易识别和记忆，可称得上是最好的统一者（图 5-90）。

（2）纳入新秩序，提升环境品质

通过对地面铺装的颜色、质感、造型上的设计，可以营造出趣味十足的互动空间（图 5-91）。

（3）对空间起到烘托、补充或者诠释主题的增彩作用

利用铺装图案强化意境，这也是中国园林艺术的手法之一。这类铺装使用文字、图形、特殊符号等来传达空间主题，加深意境，在一些纪念性、知识型和导向性空间中比较常见。

图 5-90　铺装与环境协调统一

图 5-91　形成趣味的互动空间

5.2.3　园林铺装的类型

园林铺装的类型多种多样，选材者要尽量做到因地制宜，综合考虑园林景观的整体风格、地理环境和造价等各种因素进行选择。

5.2.3.1　根据材料分类

（1）柔性铺装

柔性铺装是各种材料完全压实在一起而形成的，会将交通荷载传递给下面的二层。这些材料利用天然的弹性在荷载作用下轻微移动，因此在设计中应该考虑限制道路边缘的方法，防止道路结构的松散和变形。

①砾石　砾石是一种常见的铺装材料，适合在庭园各处使用，对于规则式和不规则式设计来说都很适用（图 5-92）。砾石包括 3 种：机械碎石、圆卵石和铺路砾石。机械碎石是

利用机械将石头碾碎后，根据碎石的尺寸进行分级。它凹凸的表面会给行人带来不便，但将其铺设在斜坡上却比圆卵石稳固。圆卵石（图5-93）是一种在河床和海底被水冲击而成的小鹅卵石，如果不把它铺好，容易松动。铺路砾石是一种尺寸在15～25mm，由碎石和细鹅卵石组成的天然石材，铺在黏土中或嵌入基层中，通常设有一定坡度的排水系统。

图5-92　规则式铺设砾石

图5-93　自然式铺设圆卵石

②沥青　沥青对于马路和辅助道路来说是一种理想的铺装材料（图5-94、图5-95），对于需求复杂的大面积铺装来说，会显得豪华和昂贵。沥青中性的质感是植物造景理想的背景材料，而且运用好的边缘材料可以将其柔性表面和周围环境相结合。铺筑沥青路面时应用机械压实表面，且应注意将地面抬高，这样可以将排水沟隐藏在路面下。

图5-94　黑色沥青

图5-95　彩色沥青

③嵌草混凝土砖　许多不同类型的嵌草混凝土砖对于草地造景是十分有用的（图5-96）。它们特别适合那些要求完全铺草但又是车辆与行人入口的地区。这些地面也可

作为临时停车场，或作为道路的补充物。铺装这样的地面应首先在碎石上铺设一层粗砂，然后在混凝土砖之间或者混凝土砖上预留的种植穴中填满泥土，种上草及其他矮生植物。绿叶可以起到软化混凝土层的作用，甚至可以掩盖混凝土层，特别是在地面或斜面上。

图 5-96　嵌草铺装

（2）刚性铺装

刚性铺装是用现浇混凝土或预制构件铺设而成的。

①人造石及混凝土铺地　水泥可塑造出不同种类的石块，甚至以假乱真。这些人造石可制成铺筑装饰性地面的材料（图 5-97）。

混凝土铺装在很多情况下还会加入颜料。有些是用模具仿造天然石，有些则手工仿造。当混凝土还在模具内时，可刷扫湿的混凝土面，以形成合适的凹栅及不打滑的表面；有的则是借机械用水压出多种涂饰和纹理。

②砖及瓷砖　砖是一种非常流行的铺地材料，经久耐用，抗冻、防腐能力较强，且铺

图 5-97　人造石和混凝土铺装

图 5-98 席纹图案

设方式十分灵活，能够组合出"人"字形、"工"字形、席纹图案（图 5-98）等。

瓷砖具有一定的形状和耐磨性，最硬的是用素烧黏土制成的瓷砖，它们很难被切断，所以适合用在正方形的地方。瓷砖也可以像砖那样在砂浆上拼砌。新陶瓷砖虽然最具有装饰性，但也最易碎。不是所有的瓷砖都具有抗冻性，所以常常要做一层混凝土基层。

③透水砖　传统的非透水性铺装完全阻断了自然降水与路面下部土层的连通，造成城市地下水源难以得到及时补充，严重影响雨水的有效利用，且严重破坏地表土壤的动植物生存环境，改变了大自然原有的生态平衡。透水砖可以使雨水从砖缝渗入地下，从而有效利用水资源，防止路面积水，目前已经广泛应用于园林和市政道路。透水砖也可以铺设成各种图案，如"工"字形、"人"字形等。

④天然石材　天然石材在所有铺装材料中最具自然气息。天然的铺装石材包括石灰岩、砂岩、花岗岩、大理石等。用天然石材铺设路面，因其本身的厚重感和粗犷感而充满了返璞归真的情趣（图 5-99）。

（3）木制材料

木材是一种极具吸引力的地面铺装材料，它的多样性使它既适合现代风格的设计，又适合乡村风格和不规则式设计。木制铺装可以和很多不同风格的建筑相融合，用于建造坚固平台和脚踏石，特别是在植物园中铺设木板路效果最好。木材的散热性比石头和混凝土好，即使暴晒，木材也不如石头那样热。

在使用木材时，通常是按照木材的纹理把原木锯成块状或圆形，这样可以做成一块美观实用的铺装材料（图 5-100）。但木材作为室外铺装材料，适用范围不如石材或其他材料那么广泛。木材容易腐烂、枯朽，因此需要经过特殊的防腐处理。但木材又有其他材料无

图 5-99　天然石材应用于自然式庭院中

图 5-100　木制材料

法替代的优势，它可以随意涂色、油漆，或者保持原来的面貌。如需配合自然、典雅的园景，木材是首选材料。木材铺装最大的优点就是给人以柔和、亲切的感觉，所以常用木板或栈板代替砖、石铺装，尤其是在休息区内或放置桌椅的地方，与坚硬冰冷的石材相比，它的优势更加明显。

木材最常见的是用于铺设露台、广场、人行道、栈道、亲水平台、树池等地面。

5.2.3.2　根据功能分类

铺装的实用功能主要包括表面的抗滑性、排水性及由硬度决定的步行舒适性等。

（1）防滑铺装

即便是在干燥的环境下毫无危险的铺装路面，被雨水淋湿后也有可能变得很滑，尤其是表面平滑的铺装更是如此。要防止鞋底与铺装面之间形成水膜，具体做法是增加透水性、促进表面排水或增加摩擦等。

（2）透水铺装

透水铺装的表层一般使用沥青类、水泥混凝土类，环氧树脂、脱色沥青以及用环氧树脂作黏合料、用碎石作骨料的透水性铺装和陶瓷类透水铺装目前也正被广泛使用。

（3）软性铺装

聚氨基甲酸酯树脂及人工草坪等高分子材料常用于软性铺装，但迄今不能广泛用于道路铺装的原因是价格过高和耐久性不理想，所以一般只应用于一些运动场，或应用在儿童活动区，用于丰富空间色彩，吸引注意力（图5-101）。

图 5-101　聚氨基甲酸酯树脂材料应用在儿童活动区

5.2.3.3　根据施工方法分类

铺装的施工方法大体分为现场施工型和二次成品型2种。前者是将材料当场涂刷、均匀摊铺、浇筑等；后者是将块状、瓷砖状材料等铺砌、粘贴在表面上，比前者更具有创意。

5.2.3.4　综合分类

由材料、功能和施工方法分类组合而成。

5.2.4　园林铺装设计的原则

第一，图案和纹路应有一定形式规则。

第二，铺装材料应有一种主导材料，避免多种材质均衡地出现，否则将导致主次不分明、缺少景观特质。在场地中，光滑的材料应占多数，再配合粗制材料。设计时应注意地面铺装材质的色彩搭配，通常将不同色系的深、浅两种颜色作为搭配组合。此外，特定的场合还应有特定的色彩。

第三，在平面内，同一功能空间的铺装尽量避免改变铺装材料，若需要材质的转换和拼接，则要注意：相接的两种不同材质需要由第三种材质连接。另外，当地面的高度产生变化时，需要将不同水平高度的铺装做一定的区分，或改变连接处的铺装形式，以引起人的注意。

第四，一种材质的不同组合或两种材质的铺装材料的铺装缝要对齐，这是对设计师的基本要求，也是景观设计细节的体现。

第五，可运用软性材料与硬性材料相结合的手法创造有韵律的铺装形式，在铺装时可为植物留有一定的生长空间，停车场的铺装选择运用嵌草混凝土砖的形式。铺装应结合景观小品的形式以及造型，来创造真正人性化的场所。

【实践教学】

实训 5-2　主园路铺装样式设计

一、目的

通过主园路铺装样式设计的知识学习和实践，能够完成铺装式样美观实用、材料类型合理的主园路铺装样式设计平面图。

二、材料及用具

A3 绘图纸、三角尺、直尺、铅笔、绘图笔、计算机等。

三、方法及步骤

1. 设计分析

（1）确定园路的铺装类型。一般路面的铺装形式根据材料和装饰特点可分为整体现浇铺装、片材贴面铺装、板材砌块铺装、砌块嵌草铺装、砖块石镶嵌铺装和木质铺地 6 种类型。不同的路面铺装由于使用材料的特点不同，其使用的场所有所不同。

（2）校区中心公园主园路不通行机动车，主要通行游人，因此可选择装饰性更好的道路铺装形式，即片材贴面铺装或板材砌砖铺装。

2. 设计要点与结论

已知主园路设计宽度为 2.5m。考虑主园路在能保证一定承载量的同时还要保证美观，并考虑与自然式公园意境相协调，确定主园路铺装形式为片材贴面铺装。采用不规则花岗岩石片冰裂纹碎拼，石片间缝用彩色卵石镶嵌，卵石与石片保持水平以保证游人行走的舒适性。

3. 制图要点

（1）应注明园路路面铺装使用材料的类型和尺寸；应标注园路的主要宽度尺寸。

（2）尺寸标注的尺寸线起止符号宜用建筑标记，即用中粗斜短线绘制。互相平行的尺寸线，应从被注写的图样轮廓线由近及远整齐排列，较小尺寸应离轮廓线较近，较大尺寸应离轮廓线较远。

(3)图样上的尺寸单位,除标高及总平面以米为单位外,其他必须以毫米为单位。

(4)应在平面铺装详图上标记索引符号,方便与该园路的结构详图相对应。

4. 图纸绘制

综合运用"单元2 园林设计表现技法"中相关知识,完成图纸的手工及计算机绘制。

四、成果

完成 A3 图幅的主园路铺装样式设计平面图(图 5-102)。

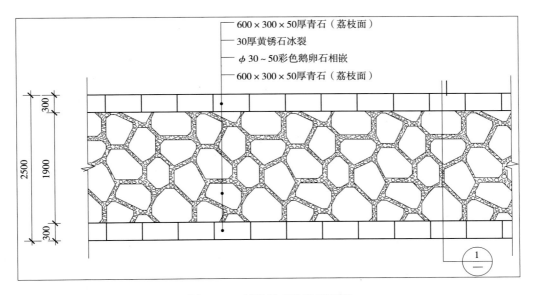

图 5-102 铺装样式设计平面图

实训 5-3 主园路结构剖面设计

一、目的

通过园路结构剖面设计的知识学习和实践,能够完成结构正确、尺寸合理的主园路结构设计剖面图。

二、材料及用具

A3 绘图纸、三角尺、直尺、铅笔、绘图笔、计算机等。

三、方法及步骤

1. 设计分析

已确定主园路铺装形式为片材贴面铺装。该类型铺地一般都用在整体现浇的水泥混凝土路面上。在混凝土面层上铺垫一层水泥砂浆,起路面找平和结合的作用。由于片材薄,在路面边缘容易破碎和脱落，因此该类型铺装最好设置道牙，以保护路面，同时使路面更加整齐和规范。

2. 设计要点与结论

通过设计分析，确定园路结构为：路基为素土，夯实；路面垫层为150mm厚碎石，灌浆填缝；路面基层选用120mm厚素混凝土（即无配筋的混凝土）；路面结合层为30mm厚1:3干硬性水泥砂浆（干硬性是指砂浆拌合物流动性的级别），面上撒素水泥增加对片材的黏结度；路面面层为30mm厚黄锈石，用彩色卵石嵌缝，50mm厚青石为路缘道牙侧石。青石略突出路面20mm，边缘做倒角圆边处理。卵石与黄锈石面平齐，以保证游人行走的舒适性和安全性。

3. 制图要点

（1）园路结构为多层结构，采用引出线标注各层材料的类型、厚度、做法等。引出线宜共用，应通过被引出的各层。文字说明宜注写在水平线的上方，或注写在水平线的端部，说明的顺序应由上至下，并应与被说明的层次相一致。

（2）若主园路剖面较长，且沿长度方向的形状相同，可断开省略绘制，断开处应该以折断线表示。

（3）园路剖面图中，建筑材料宜采用规定的图例来表示。

4. 图纸绘制

综合运用"单元2 园林设计表现技法"中相关知识，完成图纸的手工及计算机绘制。

四、成果

完成A3图幅的主园路结构设计剖面图（图5-103）。

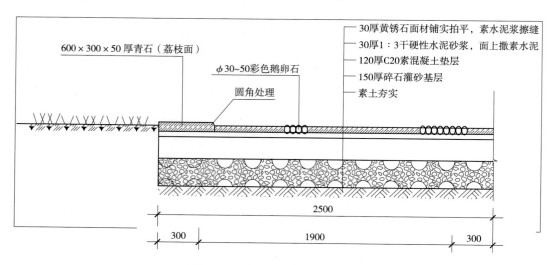

图5-103 主园路结构设计剖面图

5.3 园林建筑与小品设计

中国古典园林建筑的特点是源于自然又高于自然。中国园林融建筑、绘画、音乐、诗文等艺术于一体，建筑空间是建筑功能与工程技术和艺术技巧相结合的产物，在工程技术上应符合适用、坚固、经济、美观的原则；在艺术构图技法上要考虑统一、变化、尺度、均衡、对比等原则。同时园林建筑与小品如亭、台、楼、阁、榭、廊、厅、桥、舫、轩等以其轻巧灵活的飞檐、翘角、朱栏，融合在水滨、山巅、草地、竹林之中，相互辉映，或主或辅，或明或暗，错落有致，构成完美的空间艺术整体，使人赏心悦目，流连忘返。

5.3.1 园林建筑的功能与特点

园林建筑作为园林的重要组成要素，通过采用一定的物质手段来组织特定空间满足人们生活享受和观赏风景的需求。在中国古典园林中，其建筑一方面要求满足游人可行、可观、可居、可游等实用功能；另一方面还要与环境密切结合，与自然融为一体，要求起点景、隔景的作用，使园林游览可移步换景、渐入佳境、以小见大，又使园林的意境更显自然、淡泊、恬静、含蓄。因此，园林建筑要将其功能与园林景观巧妙地结合起来，以创造不同特色的园林环境。

5.3.1.1 园林建筑的功能

（1）使用功能

园林建筑用来满足人们在娱乐过程中休息、游览等各种活动的需求，其中包括提供餐饮的茶室、餐厅，供游览、休息的亭、廊等，还有可满足文化需求的展览馆、满足文娱活动需求的体育馆等。

（2）划分园林空间

通过建筑布局对空间进行闭合、限定。利用前后建筑的参差错落可以分划空间、丰富空间层次感，同时对园林空间进行有序的分隔，使园林形成不同的景观效果，使景观变得丰富，让游人感受到趣味无穷（图 5-104）。

（3）点景功能

园林建筑自身或庞大、或轻盈、或奇特的特定形象，可以成为控制园景、凝聚视线的焦点（图 5-105）。而园林建筑与山石、水体、植物等要素相互配置，更起到画龙点睛的作用，使园林景观增色生辉。因此，园林建筑在造型和色彩上更高于一般建筑类型。

（4）观景功能

园林建筑是重要的观景点，让游人在园林与建筑中小憩或进行相应的活动时能欣赏到周围如画的美景，因此，园林建筑位置的选择要考虑视线所及之处应有美好的景致。以一幢建筑物或一组建筑群作为观赏园内景物的场所，通过其位置、朝向、封闭或开敞的处理，可以获得最佳观赏画面。

图 5-104　空间有序分隔　　　　图 5-105　月到风来亭——凝聚视线焦点

（5）组织游览路线

利用园林建筑的主次用途，配合景观的艺术设计，对游人形成一种无形的吸引力，再用相应的要素如门、廊、路、桥等进行适当空间组合形成游览路线，随视线移动可将周围山水尽收眼底。

5.3.1.2　园林建筑的特点

（1）功能性

园林建筑的功能要求，主要是满足人们的休憩和文娱活动。园林建筑应有较高的观赏价值并富有诗情画意。

（2）灵活性

由于园林建筑受到休憩、游乐等生活多样性和观赏性的影响，在设计方面的灵活性特别大，可谓是无规可循。

（3）多样性

园林建筑所提供的空间要满足游客在动中观景的需要，力求景色富于变化，做到步移景异。

（4）协调性

园林建筑是园林和建筑有机结合的产物，无论是在风景区还是市区内造园，出于对自然景物的向往，都要使建筑的设计有助于增添景色，并与筑山、理水、植物配置相互协调。

这 4 个方面的特点是园林建筑与其他建筑类型的区别之处，也是园林建筑本身的特征。

5.3.2　园林建筑的类型

习惯上，将园林中供人游览、观赏、休憩并构成景观的建筑或构筑物统称为园林建筑；而供游人休息、装饰、景观照明、展示和为园林管理及方便游人使用的小型设施，则统称为园林小品。

5.3.2.1 按传统形式分类

传统园林建筑的主要类型有亭、廊、台、楼、阁、榭、舫、厅堂、轩、馆等。

5.3.2.2 按主要使用功能分类

（1）文化娱乐性建筑

园林中供开展各种文化娱乐活动的建筑，如文物保护建筑、动植物展览建筑、展览馆、博物馆、阅览室、露天电影院、宣传栏、报栏等。

（2）服务性建筑

为游人在游览途中提供生活上的服务的建筑，如餐厅、茶室、接待室、小卖部、厕所等。

（3）景点游憩性建筑

供游人休息、游赏用的建筑，其造型优美，是园林建筑造景的主要内容，如亭、台、楼、阁、廊、榭、舫、厅、观赏温室、园桥等。

（4）管理性建筑

包括办公、管理、仓储、生产用房等，如办公管理室、水塔、生产温室及园门、园墙。

（5）园林建筑装饰小品

以装饰园林环境为主，兼备一定的使用功能，特别注重外观形象的艺术效果，如园椅、景墙、碑、喷泉、园灯、雕塑、桌凳、栏杆、标识牌等。

5.3.3 园林主要建筑的平面形式与位置选择

园林中的亭、廊、榭、舫、花架等主要是具备点缀与休憩观景等功能，由于功能简单、体量较小，在园林中无论是选址布局还是形体细节都具有自由灵活的特点，同时与造景的关系密切。

5.3.3.1 亭

"亭者，停也，所以停憩游行也。"亭为眺览、休息、遮阳、避雨的景点建筑。同时，亭在园林中还常用于对景、借景、点缀风景，是园林绿地景观中最常见的建筑。亭在古典园林中更是随处可见，形式丰富多彩。一般南、北方古典园林中的亭风格迥异（表5-1）。

表5-1 南、北方古典园林中亭的对比

对比项目	南方亭	北方亭
整体造型	尺度较小、造型轻巧	尺度较大、造型持重
亭顶设计	檐角多用嫩戗，起翘较高，脊线弯曲	檐角多用老戗，起翘轻微，脊线平缓

（续）

对比项目	南方亭	北方亭
风格特征	清素雅洁	庄重、宏伟、富丽堂皇
色彩搭配	深褐色柱身，屋面铺材多为小青瓦，不常施彩画	红色柱身，屋面铺材多为金黄色琉璃瓦，常施彩画
案　例	南方亭	北方亭

（1）亭的主要功能

亭可满足人们在游赏活动中纳凉避雨、驻足休息、纵目眺望观景之需（图5-106）。亭也可作为主景。在中小型园林中，亭可能就是整个园区的主要景观；在大型园林中，为使空间层次丰富，则规划出若干景区，亭往往成为景区的主景。

另外，亭可作为形体组合中心的活跃元素。如在园林建筑群体景观构成中，亭作为独特的活跃元素常与廊、墙组合在一起（图5-107）。

图 5-106　供驻足休息

图 5-107　亭与廊、墙组合

（2）亭的造型与类型

亭的体量不大，但造型上的变化却多样灵活。亭的造型主要取决于亭的平面形状、平面组合及屋顶形式等。亭从平面形状分，有圆亭、方亭、三角亭、五角亭、六角亭、扇亭等（图5-108）；从屋顶形式分，有单檐亭、重檐亭、三重檐亭、攒尖顶亭、平顶亭、歇山顶亭、卷棚顶亭等（图5-109）；从布设位置分，有山亭、半山亭、水亭、桥亭，以及靠墙的半亭、在廊间的廊亭、在路中的路亭等。亭的布局既可以单独设置，也可以组合成群形成组合亭。

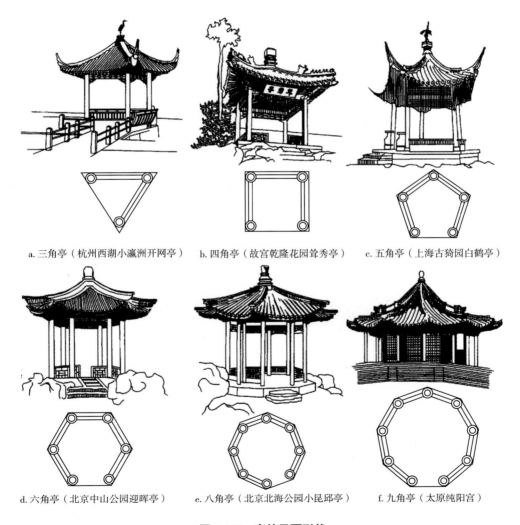

a. 三角亭（杭州西湖小瀛洲开网亭）　　b. 四角亭（故宫乾隆花园耸秀亭）　　c. 五角亭（上海古猗园白鹤亭）

d. 六角亭（北京中山公园迎晖亭）　　e. 八角亭（北京北海公园小昆邱亭）　　f. 九角亭（太原纯阳宫）

图 5-108 亭的平面形状

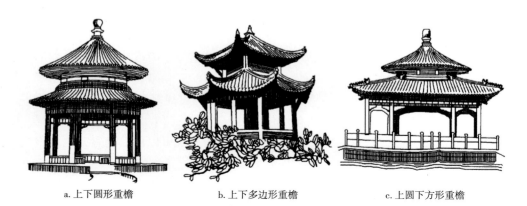

a. 上下圆形重檐　　　　b. 上下多边形重檐　　　　c. 上圆下方形重檐

图 5-109　亭的屋顶形式

最常见的亭有以下几种：正多边形亭，如正三角形亭、正方形亭、正五角形亭、正六角形亭、正八角形亭等；圆亭（图 5-110）、蘑菇亭、伞亭等；圭角形亭、扁八角形亭、扇面形亭（图 5-111）等；组合式亭，如双三角形亭、双方形亭、双圆形亭、双六角形亭等，以及其他各种形体亭的组合等；与墙、廊、屋、石壁等结合起来的亭，如半亭。

（3）亭的位置选择

《园冶》中，亭"或立山巅，或枕清流，或临涧壑，或傍岩壁，或处平野，或藏幽林"。

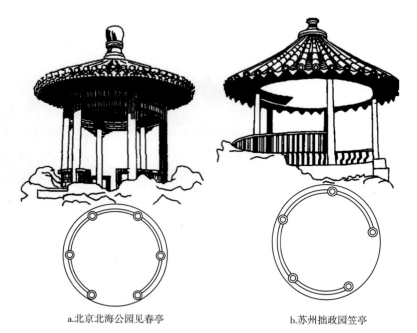

a. 北京北海公园见春亭　　　　b. 苏州拙政园笠亭

图 5-110　圆亭

a. 北京北海公园延南熏扇面亭　　b. 苏州拙政园与谁同坐轩（扇面亭）　　c. 苏州天平山更衣亭（扁六角形）

图 5-111　扇面形亭

亭的设计最重要的就是处理好亭的位置选择和造型两个方面的问题。亭位置的选择，一方面是要能观景，即供游人驻足休息，眺望景色，其中眺望景色主要是满足观赏距离和观赏角度两个方面的要求；另一方面是要能点景，即本身点缀风景。不同地形，亭的位置选择也有所区别。

①山上建亭　这是适宜远眺景观的地形。在山巅、山脊上，眺览的范围大、方向多，同时也为登山休憩提供环境（图 5-112、图 5-113）。山上建亭，不仅丰富了山的立体轮廓，使山色更有生气，也为人们观望山景提供了合宜的观景点。

②临水建亭　一方面可观赏水面景色，另一方面可丰富水景效果。在水边建亭，应尽量贴近水面，宜低不宜高，凸出水面，三面或四面为水面所环绕（图 5-114）。凹入水面或完全凌于水面之上的亭，也常立基于岛、半岛或水中石台之上。水面设亭，在体量上的大小主要视亭所面对的水面大小而定。亭桥（图 5-115）也是水面建亭的一种形式，可供游人遮阳、避雨，也增加了桥的变化。

图 5-112　石山建亭　　　　　　　　　图 5-113　半腰建亭（长沙爱晚亭）

图 5-114　临水建亭　　　　　　　　　　　图 5-115　亭桥

③平地建亭　亭通常位于道路的交叉口上、路侧的林荫之间，有时也被一片草坪、花圃、湖石所绕（图 5-116）；或位于厅、堂、廊与建筑一侧，供户外活动用。在路边筑亭（图 5-117），可以作为一种标志和点缀。

图 5-116　湖石环绕亭　　　　　　　　　　图 5-117　叠彩亭

（4）亭的设计要点

①选择最佳位置　按照总体布局选址，无论是山顶、高地、池岸水矶、曲径通幽，都应使亭置于特定的景物环境中，运用各种造景手法，使亭充分发挥观景和点景的作用。

②体量与造型选择　主要视其所处周围环境的大小与性质等而定。园内空间小则亭体量不宜过大，反之亦然。但亭作为主要景物中心时（图 5-118），却不宜过小，造型上也应丰富些。山顶或山脊建亭，造型上力求高耸挺拔，突出山与亭的轮廓线；周围环境丰富、

色彩变化多样时，亭的造型宜简洁大方，反之，亭的造型则应丰富。总的来说，亭的体量和造型必须与周围的山石、道路、植物、水体及邻近建筑相融合，统一协调。

③材料选择　力求就地取材，既便于加工，又容易与自然协调。将竹木、粗石、树皮、茅草（图5-119）进行巧妙利用与加工，也可做出造型自然的亭，不必过分追求人工的雕琢。

图 5-118　陶然亭

图 5-119　茅草亭

5.3.3.2　廊

（1）廊的主要功能

廊是亭的延伸，为长形（图5-120）。廊在中国园林里应用广泛，除能遮阳、避雨、供休息外，其最主要的作用在于引导参观和组织空间。通常廊布置在两个建筑物或两个观赏景点之间，廊是构图中的"线"，可成为空间联系和空间划分的一个重要手段。廊柱间空间通透，还可作透景、隔景、框景用，使空间产生变化（图5-121）。

图 5-120　廊亭相接

图 5-121　框景产生空间变化

(2）廊的类型

①按空间分　有沿墙走廊（图5-122）、爬山廊、水廊、平地廊等。

②按结构形式分　有双面空廊（两面为柱）（图5-123）、单面空廊（一面为柱，另一面为墙）（图5-124）、复廊（两面为柱，中间为漏花墙分隔）（图5-125）等。

③按平面形式分　有直廊、曲廊、回廊、圆形廊等。

图5-122　沿墙走廊

图5-123　双面空廊

图5-124　单面空廊

图5-125　复廊

(3）廊的布置

《园冶》中，廊"随形而弯，依势而曲。或蟠山腰，或穷水际。通花渡壑，蜿蜒无尽"。园林之中，廊是一种狭长的通道，用以联系园中建筑而非单独使用。廊能随地形、地势蜿蜒起伏，多变而无定式，因而在造园时常被用作分隔园景、增加层次感、调节疏密的重要手法。廊大多沿墙设置，与墙之间形成大小、形状各不相同的狭小天井，其间植木点石，布置小景。由于廊多有顶盖，因此更便于欣赏雨雪景致。在园林的平地、水边、山坡等各种不同的地段上建廊，由于不同的地形与环境，其要求和作用也各不相同。

①平地建廊　在园林的小空间或休息广场一侧建廊，常沿界墙及附属建筑物以沾边的形式布置，也可与园路平行而设。从形式上分，有一面、两面、三面和四面建廊，形成四面环绕的独立空间，以争取中心庭院的较大空间。

②水边或水上建廊　一般称之为水廊（图5-126），紧贴水面布置，造成似漂浮于水面的轻快之感。水廊有位于岸边和凌水面之上两种形式。在水岸曲折自然的条件下，廊大多沿着水边呈自由式布局，与环境相融。凌水之上建的廊，以露出水面的石台或石墩为基，廊基不宜过高，最好使廊的地板紧贴水面，水在廊下相互贯通。游人漫步于水廊，左右环顾，宛如置身水面之上，别有风趣。

③山地建廊　多依山的走势建成爬山廊（图5-127），供游山观景和联系山坡上下不同标高的建筑物之用。爬山廊有的位于山之斜坡，有的依山势蜿蜒而上，丰富了山地建筑的空间构图。廊的屋顶和基座有斜坡式和层层跌落的阶梯式两种。

图5-126　水廊

图5-127　爬山廊

5.3.3.3　榭、舫、轩

（1）主要功能

《园冶》记载："榭者，藉也。藉景而成者也。或水边，或花畔，制亦随态。"含义为：榭这种建筑是凭借着周围景色而构成的，其结构依照自然环境的不同可以有各种形式。当前人们一般把"榭"看作是一种有平台挑出水面供人观览风景的园林建筑物，所以也称为"水榭"。

舫是依照船的造型在园林湖泊中建造起来的一种船形建筑物，供人们在内游玩饮宴、观赏水景，身临其中有乘船荡漾于水中之感。舫的前半部多三面临水，船首一侧常设有平桥与岸相连，仿跳板之意。通常下部船体用石建，上部船舱则多为木结构。由于像船但不能动，所以亦名"不系舟"。

轩有船篷轩、鹤胫轩、菱角轩、海棠轩、弓形轩等多种形式，造型优美，主要作用是增加厅堂的进深。

（2）布置

在园林建筑中，榭与舫、轩属于性质上比较接近的建筑类型，主要起观景与点景的作用。在建筑性格上多以轻快、自然为基调，与周围环境协调搭配。不同的是，榭和舫多属于临水建筑，在选址、平面及体型设计上，需要特别注意与水面和池岸的协调关系，以及与园林整体空间环境的关系。

①与水面和池岸的关系　首先，榭的位置尽可能突出池岸之上，造成三面或四面临水之势。如果建筑物不宜突出池岸，也应以伸入水面上的平台作为建筑与水面的过渡，以便为人们提供身临其境的广阔视野。其次，榭宜贴近水面，宜低不宜高。尽量使水面伸入榭的底部，避免采用整齐统一的石砌驳岸。在建筑物与水面高差太大，而建筑物又不宜下降时，应对建筑物下部的支撑部分做适当处理，创造新的意境。最后，在造型上，榭与亭等集中向上的造型不同，在建筑轮廓线条的方向上以强调水平线条为宜。

②与园林整体空间环境的关系　造园即造景，园林建筑在艺术方面的要求，不仅应使其本身比例良好、造型美观，而且还应使建筑物在体量、风格、装修等方面与其所处的园林环境相协调统一。

5.3.3.4　花架

花架作为园林建筑的一种，是指用材料构成一定形状的格架供攀缘植物攀附的园林建筑，同时又可以镶嵌各色花卉，是建筑与植物相结合的一种园林建筑形式。

（1）主要功能

①休息赏景　花架具有与亭、廊等相同的给游人提供休憩、赏景及组织和划分空间等的建筑功能。

②展示花卉和点缀环境　花架在为可供观赏的攀缘植物的生长创造生态条件的同时，还通过展示植物枝、叶、花、果的形态、色彩美来点缀环境，并形成通透的园林空间（如图 5-128）。

③框景、障景　花架可作为框景将园中最佳景色纳入画面，同时也可遮挡陋景，把园内既不美又不能拆除的构筑物如车棚、人防工程的顶盖等隐蔽起来（图 5-129）。

图 5-128　展示花卉　　　　　　　图 5-129　遮挡陋景

④增加景深、层次　花架在园林造景中用作划分空间和增加景深、层次的材料，是传统造园艺术手法中一种较理想的建筑。

总之，花架的功能特点主要在于增加园林中的空间、绿色景观以及解决建筑过量的矛盾。

（2）花架的类型

花架一般由基础、柱、梁、椽4个构件组成。有些花架的梁和柱合成一体，篱架的花格实际上代替了椽的作用，所以是一种结构相当简单的建筑。花架造型比较灵活和富于变化，最常见的形式是架梁式，这种花架是先立柱，再沿柱排列的方向布置梁，在两排梁上垂直于柱列方向架设间距较小的枋，两端向外挑出悬臂。

①廊式　也称为双柱花架（图5-130）。廊式花架最为常见，在攀缘植物覆盖下，形成绿荫长廊。

②亭式　也称为独立式花架。亭式花架的功能与亭相似，可设计成伞形、方形、正多边形。

③单片式　也称为单柱花架（图5-131）。单片式花架可设计成篱垣式，攀缘植物爬满花架时是一面植物墙，花开时则是一面花墙；也可与景墙相结合，景墙之上搭花架条，墙上之景与墙体之景相映成趣。

图 5-130　双柱花架

图 5-131　单柱花架

（3）布置

①按照植物特性选择位置　按照所栽植物的生物学特性，确定花架的方位、体量以及花池的位置和面积等，尽可能使植物得到良好的光照和通风条件。

②靠近散步道，或与散步道分开，形成独立的空间　在风景区或大型公园、街头绿地等公共场所道路中，花架可作长线布置引导游览路线，形成一个绿色步廊式的游览空间。或作点状布置，像亭一样，形成观赏景点。

（4）设计要点

①因地制宜　设计时综合考虑所在公园的气候、地域条件、植物特性以及花架在园林中的功能作用等因素。

②体量造型　应注意比例尺寸，花架体型不宜太大，太大了不易做得轻巧，太高了不易遮阳而且空旷。花架的柱高不能低于2m，也不要高于3m，廊宽也要在2～3m。尽量接近自然。花架的造型不可刻意求奇，否则反而喧宾夺主，冲淡了花架的植物造景作用，但可以在线条、轮廓或空间组合的某一方面有独到之处，成为一个优美的主景花架。花架的四周一般都较为通透开敞，除了作支承的墙、柱，没有围墙门窗。花架的上、下（铺地和檐口）两个平面并不一定要对称和相似，可以自由伸缩交叉、相互引伸，使花架置身于园林之内，融汇于自然之中，不受阻隔。

③条件制约　充分考虑各种条件的制约，包括功能、艺术效果、地理位置等的限制。

④就地取材　材料的选用应遵循就近原则，坚固耐用、经济。

⑤结合植物特性　要根据攀缘植物的生物学特性来设计造型合宜、选材得当的花架。各种攀缘植物的观赏价值和生长要求不尽相同，可一种，也可两三种搭配，设计花架前要了解、确定攀缘植物的种类。

5.3.4　服务性建筑设计

园林中服务性建筑包含接待室、小卖部、摄影部、园厕等。

5.3.4.1　概述

（1）合理布点

根据服务、休憩、观赏等要求，服务性建筑需均匀地分布在游览路线上。一般来说，各点水平距离约100m（在大型的风景区布点则可远些）。距离和高度要适当，以减少游人的疲乏和方便满足游人在游园中的种种需求。在大型风景区景点距离较远时，亦可采取综合性集中式的布点方法。

（2）基地选择

①一般要求　景区内服务性建筑的基地，土质要坚实干爽。要充分利用原地形合理组织排水，以节省工程费用。景区中如有名泉所在，宜在其附近设茶室。如有果园或知名的土特产地，宜设置营业点。建于险峻悬崖、深渊峡谷间的各项服务性建筑应注意游客安全，妥善安排各项安全措施，防止意外发生。

②环境素质　环境素质与对游客的吸引力关系密切，布点时应尽量发挥环境素质的优越性，仔细分析所在环境的风景资源及其性质，以展现每一个景区的特有风貌。

③景色因借　风景建筑既为风景区添景，又为游客提供较佳的赏景场所。因而在建筑选址时要充分考虑风景区建筑的上述要求。基址选定后，无论在建筑所处的环境或被因借的自然景色均需本着"俗则屏之，嘉则收之"的原则来剪裁空间，以获得最佳景观效果。

5.3.4.2　服务性建筑类型

（1）园厕

园林公共厕所位置的选择以不影响主景点的游览观光效果、不影响自然与人文景观的整体性、对环境不造成污染为原则，视具体的游客人群流动方向、分布规模及行为习惯确定具体位置。选址应避免设在主要风景线或轴线、对景处等位置，位置不可突出，距离主要游览路线应有一定的距离。注意常年风向及小地形对气流方向的影响，最好设在主要建筑和景点的下风向。无论在何处营建公共厕所，都不得污染任何水源。

（2）小卖部

园林中的小卖部，除了提供小型商业服务外，还要满足游人赏景及休息的要求。因此，其布局、选址至关重要。小卖部一般独立设置，选择园林景观优美、有景可赏之处。为服务方便，园林小卖部宜疏密有致地分布在全园各处，尤其是人流量较大的地方。交通便利、运输通畅是小卖部进货、排污等方面的要求。

5.3.5 园林建筑小品设计

5.3.5.1 概述

园林中供休息、装饰、照明、展示和为园林管理及方便游人使用的小型建筑设施称为园林建筑小品。园林建筑小品在园林中既能美化环境、丰富园趣，为游人提供文化休息和公共活动的方便，又能使游人从中获得美的感受和良好的教育。园林建筑小品的内容极其丰富，包括园灯、园椅、园桌、园桥、雕塑、喷泉、栏杆、标识牌、门洞、景窗、花坛、解说牌、展览栏等。主要功能有：

①使用功能　每个园林建筑小品都有各自具体的使用功能。例如，园灯用于照明；园椅、园凳用于休息；标识牌、解说牌和展览栏用于提供游园信息；栏杆用于安全防护、分隔空间等。为了取得景观效果，园林建筑小品既要进行艺术处理和加工，又要符合其使用功能，即符合技术、尺度和造型上的特殊要求。

②装饰功能　小品以点缀装饰园林环境为主，如在湖滨河畔、花间林下布置古朴的园桌、园凳，创造优美的景点；散置的石块配以石凳和几株姿态虬曲的小树，与周围环境搭配协调，烘托气氛，增强空间感染力。

5.3.5.2 园林建筑小品类型

（1）园椅、园凳

园椅、园凳是户外空间生命力的体现，如果户外空间没有供人休息的地方，就不会有人停留。园椅、园凳的布置要点：

应在需要休息的地段放置，如池边、岸沿、台前、林下、花间或草坪道路转折处等；应考虑园林景致布局和各种活动场所的需要；应考虑地区的气候特色及不同季节的需要（夏能遮阳、通风，冬能避风、晒太阳等）；应考虑游人的心理，根据游人不同心理因素、年龄、性别、职业、爱好等布置安静休息区或人流集中区。

（2）园灯

园灯有照明和点缀装饰园林环境的功能。因此，既要保证夜间游览活动的照明需要，又要以其美观的造型装饰环境，为园林景色增添生气。绚丽明亮的灯，可使园林环境气氛更加热烈、生动、富有生机；柔和的灯光，可使园林环境更加宁静、舒适、亲切宜人。园林中的灯光衬托各种园林气氛，使园林环境更加富有诗意。

①位置　园林绿地的出入口广场、交通要道、园路两侧及交叉口、台阶、桥梁、建筑、水景喷泉、雕塑、草坪边缘等，因地、因景布置。

②园灯的类型　路灯、高杆灯、庭院灯、草坪灯、射灯、地灯等（图5-132、图5-133）。

图 5-132　草坪灯

图 5-133　高杆灯

（3）栏杆

为保护园林设施而设栏杆，主要起保护作用，同时还用于分隔不同活动内容的空间、划分活动范围以及组织人流。

①位置　有危险的地方或有景观要求的地方。

②高度　台阶、坡地的防护栏杆、扶手栏杆的高度常在90cm左右；设在花坛、小水池、草坪边及道路绿化带边缘的装饰性镶边栏杆的高度为15～30cm。高度为1.1～1.2m的防护栏杆的栅格间距要小于12cm，其构造应粗壮、坚实，尽量避免采用木质栏杆。

（4）宣传栏

宣传栏涉及路牌、报栏、通知、公园平面图等内容，其高度一般为1.2～2.2m。

（5）果皮箱

果皮箱可设在休息观光道路两侧或候车、贩卖点等行人停留时间较长处。其间距为

30～50m，具体数值可根据人流量调整。

（6）门、窗、墙

①门 联系和组织景观空间，可采用框景、对景和前、中、后景组合的手法进行设计。

②窗 园林中常用的有空窗、漏窗、景窗。

③墙 是分割、围合空间的人工构筑物，也是组织、控制和引导游览路线的重要组成部分，分为围墙、景墙、挡土墙等，其主要作用是丰富庭院景观空间层次。

（7）雕塑

雕塑是观赏园林建筑小品中的代表。其历史悠久，发展到当前其题材、样式在不断地推陈出新，应用也越发广泛。从雕塑手法上可分圆雕和浮雕；若以其机能和价值划分，可分为纪念性雕塑、宗教性雕塑、主题性雕塑与装饰性雕塑等；若以造型形态划分，可分为具象型雕塑、抽象型雕塑、半抽象型雕塑等（图 5-134、图 5-135）。雕塑是一种具有强烈感染力的造型艺术，来源于生活，予人以比生活本身更完美的欣赏和玩味，可美化心灵、陶冶情操，赋予园林鲜明而生动的主题。其独特的精神内涵和较强的艺术感染力起到点缀景观、丰富游览的作用。

图 5-134 具象型雕塑

图 5-135 半抽象型雕塑

【实践教学】

实训 5-4 亭的设计

一、目的

通过亭的知识学习和实践，能够完成美观实用、类型合理的亭的详细设计，包括完成亭的平面图、立面图、剖面图、效果图等。

二、材料及用具

A2绘图纸、三角尺、直尺、铅笔、绘图笔、上色工具等。

三、方法及步骤

1. 确定亭的造型风格

亭的造型主要取决于平面形状、屋顶的形式及体形比例3个要素。

2. 亭的底平面设计

正多边形和圆形平面的面阔×进深尺寸，一般取定为：旷大空间的控制尺寸为 6m×6m ～ 9m×9m；中型空间的控制尺寸为 4m×4m ～ 6m×6m；小型空间的控制尺寸为 2m×2m ～ 4m×4m。一般面阔为 3 ～ 4m。

3. 亭顶平面设计

亭顶平面图是由亭顶的上方向下做亭顶外形的水平投影而得到的平面图，用它来表示亭顶的情况。传统木结构亭顶构架的做法主要有：伞法（即用老戗支撑灯心木做法）、大梁法（用一根或两根大梁支撑灯心木做法）、搭角梁法、扒梁法、抹角梁扒梁组合法、杠杆法、框圈法、井字梁法等。

4. 亭立面设计

亭的尺度设计一般要求是：开间（柱网间距）以 3 ～ 4m 为宜，檐口标高（檐口下皮高度）一般取 2.6 ～ 4.2m；重檐檐口，下檐檐口标高为 3.3 ～ 3.6m，上檐檐口标高以 5.1 ～ 5.8m 为宜。亭的主要受力构件截面尺寸设计一般要求是：方柱为 150 ～ 200mm，圆柱直径为 150 ～ 200mm，石质方柱为 300 ～ 400mm。木椽以 40mm×50mm ϕ230 或 50mm×65mm ϕ250 为宜。枋木以 70mm×（70 ～ 280）mm 或 75mm×250mm 为宜。平顶板 15mm，封檐板 20mm×200mm。

5. 亭剖面设计

亭剖面图主要能表示出亭顶内部垂直方向的结构形式和内部构造做法。亭顶的作用一是围护作用，二是承重作用。亭顶主要由屋面面层、承重结构层、保温隔热层、顶棚等几个部分组成。

6. 亭的效果图设计

根据亭的平面图、立面图设计出亭的效果图及与周围环境的搭配。

7. 亭的设计说明

设计图中图样不能很好说明的可以用文字说明进行补充。

四、成果

完成A2图幅的亭设计图（图5-136）。

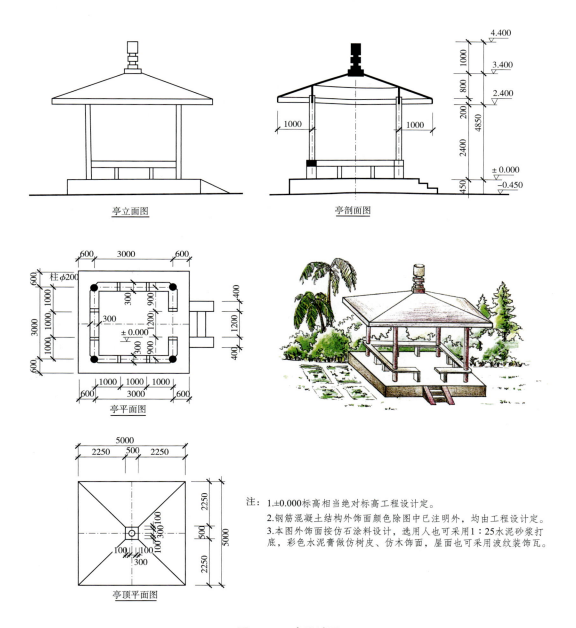

图 5-136 亭设计图

5.4 园林植物设计

园林设计中不可或缺的重要组成要素之一就是园林植物。园林植物是指在园林中具有观赏、组景、分隔空间、装饰、庇荫、防护、覆盖地面等用途的植物，包括木本植物和草本植物。园林植物要有体型美或色彩美，适应当地的气候和土壤条件，在一般管理条件下能发挥园林植物的综合功能。

在现代社会，随着生态保护和环境改善意识的增强，风景园林在设计的过程中越来越多地开始重视植物景观带来的生态效益和社会效益。园林植物具有独特的色彩美和质感美，除了能够给人们带来视觉上的享受，还能洗涤人们浮躁的心灵，其结合地形、水体和建筑等要素，能够经由不同的组合方式构成丰富多彩的园林景观（图5-137）。根据建设后的景观效果及随后产生的生态效益，园林植物配置已经成为衡量一个风景园林作品成功与否的关键因素之一。

图5-137　丰富多彩的园林植物景观

5.4.1　园林植物的类型

由于研究方法、目的的不同，园林植物的分类方式多种多样。

5.4.1.1　按观赏部位分

（1）观叶植物

①形　如红枫、银杏等。

②色　如红枫、银杏、紫叶李、变叶木等。

（2）观花植物

①形　如牡丹、玉兰、菊花等。

②色　如牡丹、杜鹃花、丰花月季等。

③香　如丁香、米兰、茉莉花等。

（3）观果植物

①形　如石榴、木瓜等。

②色　如山楂、金银木等。

（4）观枝干植物

①形　如龙爪槐、龙桑等。

②色　如白皮松、红瑞木、棣棠、白桦等。

（5）观树型植物

①尖塔形　如雪松。

②圆锥形　如圆柏。

③圆柱形　如铅笔柏。

④圆球形　如槐树。

⑤椭圆形　如悬铃木。

⑥伞形　如合欢、幌伞枫等。

⑦匍匐形　如平枝栒子。

⑧垂枝形　如垂柳。

5.4.1.2　按园林使用方式分

（1）地被植物

如翠云草、蟛蜞菊等。

（2）花坛植物

如一串红、五色苋、小菊类、四季海棠等。

（3）花境植物

如萱草、鸢尾、蜀葵等。

（4）绿篱植物

如小叶黄杨、大叶黄杨、福建茶、圆柏等。

（5）垂直绿化植物

如地锦、紫藤、常春藤、络石、薜荔等。

（6）庇荫植物

如槐树、榕树、樟树等。

（7）行道树植物

如扁桃、悬铃木、白蜡、羊蹄甲等。

（8）防护植物

如毛白杨、臭椿、桉树、沙枣等。

（9）盆栽与盆景植物

如仙客来、瓜叶菊、五针松、榔榆等。

（10）室内装饰植物

如绿萝、马拉巴栗（发财树）、吊兰、富贵竹等。

5.4.1.3　按栽培要求分

（1）露地植物

如凤凰木、黄花风铃木、樟树等。

（2）温室植物

如仙人掌。

5.4.1.4　按植物生长习性分

（1）草本植物

①一、二年生花卉　如金盏菊、矮牵牛等。
②多年生花卉　如芍药、玉簪等。
③球根类花卉　如百合、水仙、唐菖蒲等。
④草坪植物　如禾本科、莎草科植物等。
⑤攀缘植物　如牵牛花、茑萝等。

（2）木本植物

①针叶乔木　如雪松、油松、南洋杉等。
②针叶灌木　如矮紫杉、砂地柏等。
③阔叶乔木　如银杏、榕树、木棉等。
④阔叶灌木　如榆叶梅、杜鹃花、黄榕等。
⑤阔叶藤本植物　如紫藤、常春藤等。

5.4.1.5　按植物对环境的要求分

（1）按对光照的要求分

①喜光植物　如荷花、向日葵、太阳花等。
②中性植物　如红花夹竹桃、小叶紫薇等。
③耐阴植物　如文竹、绿萝、铁线蕨等。

（2）按对水分的要求分

①旱生植物　如仙人掌、骆驼刺等。

②中生植物　如红花紫荆、木棉等。
③湿生植物　如龟背竹、海芋、广东万年青等。
④水生植物　如荷花、睡莲等。
（3）按对土壤酸碱度的要求分
①碱性植物　如石榴、海蓬子、菊芋等。
②中性植物　如榕树、尖叶杜英等。
③酸性植物　如玉兰科植物、茶梅、茶花、红叶石楠等。

在园林设计中，一般使用按植物生长习性的分类方式，结合按观赏部位及园林利用方式的分类方式，根据环境要求进行园林植物配置设计。

5.4.2　园林植物在园林设计中的功能作用

园林植物是具备生命力的、变化丰富的、温和的园林设计要素，有别于其他园林设计要素。

5.4.2.1　园林植物的建造功能

（1）合理利用园林植物围合空间

在不同的地形条件下，植物能够起到一定的强化或削弱由地形所构成的空间的作用。运用植物构成室外空间时，首先应明确设计目的和空间性质（开敞、封闭、隐秘、雄伟等），然后才能相应地选取和组织设计所要求的植物（图5-138）。

（2）作为障景保证私密性

在城市建筑间隙，可利用植物控制人的视线（图5-139）。与在郊野绿地范围有所区别的是，在作为障景时，需要严密分析观赏者所在的位置、被障物的高度、观赏者与被障物的距离、地形等，一般的研究方法多为画视线分析图（图5-140）。同时，也可利用植物分割出独立的空间，保证一定范围内的私密性，将建筑空间与外围环境完全或者部分隔离（图5-141）。

5.4.2.2　园林植物的美学功能

虽然园林设计场地不同，但可沿着同一美学原理去创造美的园林植物景观。巧妙地运用线条、空间感、质感、颜色、风格、对比、韵律、比例等美学原理是创造园林美景的有效途径。

（1）线条

重复使用同样的形状、大小、质感、色彩的植物，就能构成线条，线条有助于表现统一、协调和对比。

（2）空间感

组合各种植物形态，使其互成比例或相辅相成，即可塑造庭园的空间感（图5-142）。通常一种形态的植物要用一大丛植物来表现，增强震撼力。如封闭、稠密的植物群落与疏松开放的草坪结合，可以形成"疏可跑马，密不透风"的植物空间感（图5-143）。

a. 低矮的灌木和地被植物形成开敞空间

b. 小乔木及灌木等组成半开敞空间

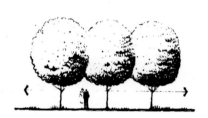 

c. 乔木下的覆盖空间　　　　　　d. 全封闭空间

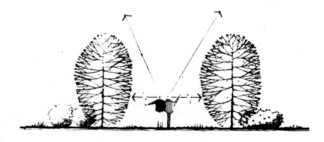

e. 开敞顶平面的垂直空间

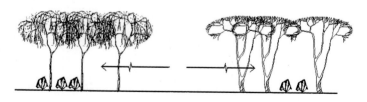

f. 树干构成虚空间的边界

图 5-138　植物景观空间构成

（3）质感

植物的质感分为细致、普通与粗糙。太多不同质感的植物混合会让人感觉杂乱，而单一质感的植物又太单调，最好集合一群质感相似的植物，再与另一种完全不同质感的植物群形成对比，让人感觉舒适。小空间适合种植细致的植物让空间变大；大空间若在远处种植粗糙的植物，看起来就不会太空旷。

（4）颜色

同色花卉大片种植，大胆表现色彩，

图 5-139　植物障景

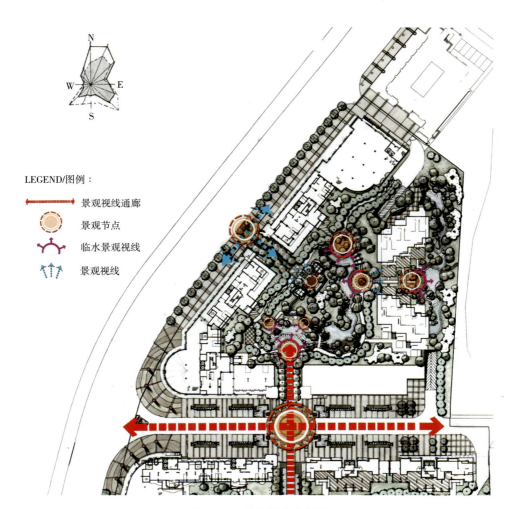

图 5-140　植物视线分析图

图 5-141　控制私密性

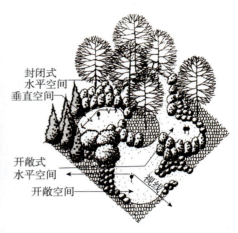

图 5-142　植物的各种空间感

图 5-143　植物群落与草坪结合

可以统一视觉，引导视线于设计的焦点上。花境的处理需格外谨慎，不仅要考虑花期的搭配，如草本花卉与球根花卉的观赏期互补，更要把握各个花期花卉的色彩搭配。

（5）风格

园林的造型、布局决定植物配置风格。欧洲古典园林强调对称的轴线布局，以及植物几何形态的修剪造型；当前园林的风格多是体现非对称布局，追求简洁明快的线条感，强调植物原生自然形态的配置，体现生态园林的特色（图 5-144）。

（6）对比

强调植物形态、叶片质感、颜色、变化空间的疏密对比等。

（7）韵律

植物景观能引领视线，产生庭园的韵律。当人游走于有韵律的植物空间时，不会产生杂乱的感觉。

（8）比例

植物与人、植物与空间、植物与建筑、植物与植物之间产生的比例。一般小空间不宜植高大树木，大空间不宜种过小的植株。同时还应注意植株长成后的大小、形态是否仍能适合周边环境及硬体设施。

a. 植物几何形态的修剪造型

b. 植物原生自然形态的配置

图 5-144　植物配置风格

5.4.3　园林植物配置设计的原则

5.4.3.1　科学性

（1）种植的目的要明确，符合绿地的性质和功能要求

园林植物种植设计，首先要从园林绿地的性质和主要功能出发。园林绿地的大小悬殊，性质各不相同，功能也不一致，具体到某一绿地某一部分，也有其主要功能。如综合性公园应具有多种功能，在种植设计时需满足各种功能的要求：要有供集体活动的广场或大草坪（图 5-145），有供庇荫的乔木，有供观赏的花色艳丽的灌木、花卉（图 5-146），有供安静休息、散步的密林、疏林等。工厂绿化的主要功能是防护，但

工厂的厂前区、办公建筑周围由于与外界的交往较多而应以美化为主,远离车间的工厂集中绿地(小游园)主要供休息,仓库周围的绿化要利于通风、满足防火要求并方便装卸货物。

图 5-145　供集体活动的大草坪

图 5-146　供观赏的花朵艳丽的灌木、花卉

(2)要注意选择适合的植物种类,满足植物的生态要求(即适地适树)

植物的生长对环境是有要求的,山上绿化要选择耐旱植物,并有利于山景的衬托;水边绿化要选择耐水湿的植物,并应与水景协调。南方酸性土壤选择酸性植物,盐碱地选择碱性植物。这种使种植植物的生态习性和栽植地点的生态条件基本一致的做法称为适地适树,可突出当地植物景观特色。只有这样,才能保证植物成活和正常生长,充分发挥它们的各种效益。

(3)要有合理的种植密度和搭配

植物种植的密度是否合适直接影响着绿化、美化效果。种植过密会影响植物的通风透光,减少植物的营养面积,造成植物易发病虫害及生长瘦小枯黄的不良后果。种植设计时,应根据植物的成年冠幅来决定种植距离。若想在短期就取得好的绿化效果,种植距离可减半,如悬铃木行道树间距本应为 7～8m,在设计时可先定为 3.5～4m,几年后再间伐或间移。也可采取速生树和慢长树适当配植的方法来解决,但树种搭配必须合理,要满足各种植物的生态要求。除密度外,植物之间的相互搭配也很重要,搭配合理则绿化美化效果好,搭配不好则会影响植物的生长,易发病虫害。如不将海棠、苹果等蔷薇科植物与圆柏种在一起,就可有效地预防苹桧锈病的发生。另外,在植物配置上,速生与慢长、常绿与落叶、乔木与灌木、观叶与观花、草坪与地被等的搭配及比例也要合理,这样才能保证发挥整个绿地的各种功能。

5.4.3.2　艺术性

(1)总体艺术布局上要协调

园林布局形式有规则式和自然式之分,在植物种植设计时要注意种植形式的选择应与绿地的布局形式相协调，包括与建筑、设施及铺装地相协调。规则式园林植物种植多用对植、列植、篱植，自然式园林植物种植多用孤植、丛植、群植、林植。在出入口、主要道路、整形广场、大型布局对称的建筑物附近一般多采用规则式种植，而在自然山水、自然形场地、草坪及不对称的小型建筑物附近则采用自然式种植。

（2）考虑四季景色的变化

园林绿地的景色随着大自然的季节变化而有变化，称为季相变化，这种变化主要是园林植物表现出来的。为了突出景区或景点的季相特色，在植物种植设计时可分区、分级配置，使每个分区或地段突出一个季节的植物景观主题，在统一中求变化。但要注意，在出入口处及重点地区等四季游人均集中的地方，应使四季皆有景可赏。而以某一季节景观为主的地段，也应点缀其他季节的植物，以避免单调。如以突出夏季景观为主的区域内也应种植一些春、秋、冬季观赏的植物。

（3）全面考虑植物在观形、赏色、闻味、听声上的效果

植物的可观赏性是多方面的：有"形"，包括树形、叶形、花形、果形；有"色"，包括叶色、花色、果色、枝干颜色；有"味"，包括花香、果香、叶香；有"声"，如雨打芭蕉（图 5-147）、留得残叶听雨声、松涛（图 5-148）。在植物种植设计时，应根据园林植物本身具有的特点，全面考虑各种观赏效果，合理配置。如以观整体树形或花色为主的植物，可布置得距离游人远一点；而观叶形、花形的植物，可布置在距离游人较近的地方；有以闻香味为主的植物，可布置在游人可接近的地方，如广场上、休息设施旁，否则宜布置得距离游人远一些，如暴马丁香。若要听松涛，则松树宜布置在风口地带且要成片种植。淡色开花植物近旁最好配以叶色浓绿的植物以衬托花色。

图 5-147　雨打芭蕉

图 5-148　松涛

（4）要从整体着眼

整体包括平面种植的疏密和轮廓线，竖向的树冠线，植物丛中的透景线、景观层次，与建筑、设施、环境的比例、尺度、映衬效果，空间观赏的主、配景关系，以及单株植物

或成丛植物的整体观赏效果等。

在植物种植设计时，要综合考虑以上因素，合理地组织，力求创造出既符合科学规律，又具有良好的艺术效果的作品。

5.4.4 各类园林植物的配置设计

园林植物配置要求在美感的基础上能充分利用空间，以及保障植物对土壤的适应性，配置形式多种多样。选择上，首先依图构造园林整体布局，选择对应植物的造型，利用色彩等不同视觉效果，再分配空间，在保障美感的前提下，高大树木与灌木、草坪有机结合。

5.4.4.1 乔、灌木的配置设计

乔木和灌木都是直立的木本植物，在园林绿化的综合功能中作用显著，所占比重也较大，是园林植物种植中最基本和最主要的组成部分。它们在改善小气候、美化环境、防风沙、防止水土流失和护坡等方面均有显著作用。但乔木和灌木之间又有明显的差别，而这些差别则决定了乔木与灌木在使用上是不同的。

（1）自然式种植

乔、灌木的自然式种植是指种植的乔、灌木没有对称或轴线的关系，包括孤植、丛植、群植、林植等种植形式。

图 5-149 孤植

① 孤植 孤植是指单一树种的孤立种植类型（图 5-149）。在特定的条件下，也可以是 2～3 株紧密栽植，株距不超过 1.5m，组成一个单元的种植形式。

孤植是中、西方园林中广为采用的一种种植形式，它可作为局部空间的观赏主景，也可起庇荫、诱导作用。孤植主要是表现植株的个体特点，突出树木的个体美，因此孤植的树木应形体（姿态）优美、生长健壮，或具有特殊的观赏价值，最好寿命较长，适应当地生长环境，对人或环境无害，如雪松、银杏、槐、香樟、枫香、枫杨、无患子、榕树、合欢、七叶树、油松、金钱松、扁桃、悬铃木、华山松、白皮松、柏木、广玉兰、梅、紫薇、樱花、垂丝海棠、鸡爪槭、尖叶杜英、海南蒲桃、印度紫檀等。

在园林中，孤植的比例虽然很小，却有着相当重要的作用。为了突出孤植树的观赏效果，一般将孤植树布置在周围空间开阔、有一定观赏视距、背景较单纯的地点，如山巅、水边、草坪中、广场中、建筑山墙旁、道路转折处、园林局部入口对景处。应根据空间的大小来选择树木的大小（指大、中、小乔木，灌木），这样才能形成良好的构图比例尺度

关系，得到良好的构图效果。

建造园林，必须利用当地的成年大树作为孤植树，如果绿地中已有上百年或数十年的大树，必须使整个绿地的构图与这种有利的原有条件结合起来。利用原有大树，可以提早数十年实现园林艺术效果，是因地制宜、巧于因借的设计方法。如果没有大树可以利用，则利用原有中年树（10～20年生的珍贵树种）为孤植树也是有利的。总之，选用超级大苗作为孤植树材料，利用吊装栽植，将有助于早日实现艺术效果。

②丛植　丛植通常是指由2株到十几株同种或异种，乔木或乔、灌木组合种植而成的种植类型，也称为树丛。

丛植是园林绿地中运用广泛、重点布置的一种种植类型，往往是园林空间构图的骨架。它除了可作为局部空间的观赏主景外，也具有庇荫、诱导、配景等作用。丛植以反映树木群体美的综合形象为主，但这种群体美的形象又是通过个体之间的组合来体现的，因此要很好地处理好株间、种间的关系。所谓株间关系，是指疏密、远近的因素；种间关系，是指不同乔木以及乔、灌木之间的搭配。在处理株间关系时，要注意整体适当密植，局部疏密有致，使之成为一个有机的整体；在处理种间关系时，要尽量选择搭配关系有把握的树种，且要喜光与耐阴、快长与慢长、乔木与灌木有机地组合，形成生态相对稳定的树丛。同时，组成树丛的每一株树木，都能在统一的构图中表现其个体美。因此，选择丛植的树木条件与孤植树相似，而每个树丛内树的大小、姿态最好均有差异。

丛植分为单纯丛植和混交丛植两类。庇荫用的树丛最好采用单纯丛植形式，一般不用或少用灌木配植，以树冠开展的高大乔木为宜；而作为主景、诱导、配景用的树丛，则多采用乔、灌木混交丛植的形式。

作主景用的树丛一般布置在大草坪中央、水边、岛上或土丘山岗上，作为观赏视线的焦点，可获得较好的观赏效果。在中国古典山水园中，树丛与岩石组合常设在粉墙的前方、走廊或房屋的角隅，组成一定画题的树石小景。作诱导用的树丛多布置在出入口、岔路口和道路转折处，诱导游人按设计安排的路线欣赏丰富多彩的园林景色。另外，也可以当配景用作小路分岔的标志或遮蔽小路的前景，配合取得峰回路转又一景的效果。

树丛设计必须以当地的自然条件和设计意图为依据，树种宜少但要选得准，充分掌握植株个体的生物学特性及个体之间的相互影响，使植株在生长空间、光照、通风、温度、湿度和根系生长发育方面都得到适合的条件，以达到较理想的效果。

丛植一般分为以下几种基本形式：

两株丛植：树木配植构图上必须符合多样统一的原则，要既有调和又有对比，因此，树丛的组合首先必须有其通相，同时又有其殊相，才能具有在统一中有变化的艺术效果。因此，两株丛植的树种应为同种或同属极相似的两种，它们的大小（包括高矮、冠幅和树龄）、姿态均应有较显著的差异。同时为了形成"丛"的感觉，它们的栽植距离应小于两株树冠的半径之和（图5-150）。

三株丛植：三株丛植最多只能用两种植物，若有两株为同属极相似的植物，则可为3种植物。它们的大小、姿态也应有较显著的差异。为了使各个方向的观赏效果不同，栽植时应是不等边三角形。其中最大与最小的树木应靠近，成为一组，中等的一株要远离一些，成为另一组，可看成是1与2的组合，远离的一株在3株树丛里应为两种树种中占多数的一种（图5-151）。

a. 两株相同树种的树的丛植

b. 两株不同树种的树的丛植

图5-150　两株丛植

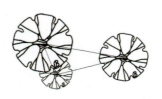

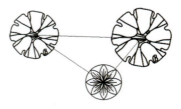

a. 常见的配置形式　　　　　　　　　　　　　b. 实例

图5-151　三株丛植

四株丛植：四株丛植对树木的要求与三株丛植相同，在栽植时外轮廓可呈不等边三角形，也可呈不等边四角形。为1与3的组合或2与2的组合。树种相同时，在树木的大小排列上，最大的一株要与其他株相距近些，远离的可用大小排列在第二或第三位的一株。树种不同时，应是一种3株和另一种1（单）株的组合，而这另一种的单株不能最大也不能最小，不能单独远离，必须与多数的那种组合在一起（图5-152）。

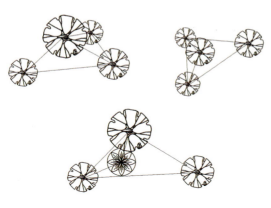 

a. 常见的配置形式　　　　　　　　　　　　b. 实例

图 5-152　四株丛植

五株丛植：五株丛植对树木的要求与三株丛植相同，在栽植时外轮廓可是不等边三边形、不等边四边形和不等边五边形，为 3 与 2 的组合或 4 与 1 的组合（图 5-153）。

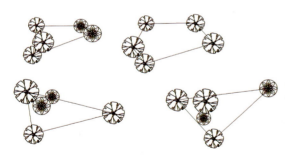 

a. 常见的配置形式　　　　　　　　　　　　b. 实例

图 5-153　五株丛植

　　树木的配置，株数越多则越复杂。但分析起来，孤植树是一个基本单元，两株丛植也是一个基本单元，三株是由两株和一株组成，四株是由三株和一株或两株和两株组成，五株则是由三株和两株或四株和一株组成，理解了五株的配植道理，则六、七、八、九、十……株可同理类推。芥子园画谱中曰："五株既熟，则千株万株可以类推，交搭巧妙在此转关。"树丛的配合最关键的是要遵循艺术原理，在调和中求对比、差异，差异太大时又要求调和，所以株数愈少，树种愈不能多，株数增多时，树种才可以增多。如六株树丛的配合可以用 3 种树木。但丛植时外形相差太大的树种最好不要超过 5 种，以避免树种繁杂且不利于管理。而外形十分类似的树种，可以适当增加种类，但应尽量选管理要求一致的树种。

　　③**群植**　群植是指 20 株以上同种或异种，乔木或乔、灌木组合成群栽植的种植类型。

它所表现的主要为群体美。与孤植和丛植一样，群植也可作为空间构图的主景，除此之外，也可庇荫。由于群植时植物数量较多，因此作为主景用的树群应该布置在有足够距离的开阔地段，如靠近林缘的大草坪上、宽广的林中空地上、水中的岛屿上、宽广水面的水滨、山坡上等。树群主要立面的前方，在树群高度的 3 ~ 4 倍、树群宽度的 1 ~ 1.5 倍内要留出空地，以便游人欣赏。

群植分为单纯群植和混交群植两类，庇荫用的群植最好选用单纯群植，因为混交群植呈复层结构，不方便游人进入，只在树群的北侧才有庇荫作用。

单纯树群（图 5-154）由一种树木组成，可以应用宿根花卉作为地被植物。

混交树群（图 5-155）应模仿自然界森林的结构进行设计，可分为 5 个组成部分，即乔木层、亚乔木层、大灌木层、小灌木层及多年生草本植物层。其中每一层都要显露出来，其显露部分应该是该植物观赏特征突出的部分。乔木层选用的树种，树冠的姿态要丰富些，使整个树群的天际线富于变化；亚乔木层选用的树种，最好开花繁茂，或者具有美丽的叶色；灌木应以花木为主，草本植物应以多年生野生性花卉为主，树群下的土面不应暴露。树群组合的基本原则是：乔木层在中央，亚乔木层在其四周，大灌木、小灌木在外缘，这样不致互相遮掩。但其各个方向的断面不能像金字塔那样机械，树群的某些外缘可以配置一两个树丛及几株孤植树。

树群内植物的栽植距离要有疏密变化，相互间要构成不等边三边形（切忌成行、成排、成带栽植），常绿、落叶、观叶、观花的树木混交组合时，因面积太大而应用复层混交及小块混交与点状混交相结合的方式。

树群内，树木的组合必须结合生态条件，第一层乔木，应该是喜光树，第二层亚乔木可以是半耐阴的，种植在乔木庇荫下及北面的灌木应是半耐阴的和耐阴的，而喜光的植物应该配置在树群的南方、东南方和西南方。树群的外貌，要立面有起伏变化，平面有凹凸变化，另外，还要有四季的季相变化。总之，混交树群除注意生态条件外，还必须注意美观效果。

a. 落羽杉单纯树群　　　　　　　　　　b. 樱花单纯树群

图 5-154　单纯树群

a. 针阔叶混交树群

b. 常绿与落叶混交树群

图 5-155　混交树群

④林植　林植是指成片、成块大量栽植乔、灌木，构成林地和森林景观的种植形式。若长短轴之比大于 4∶1 则称为林带（图 5-156）。林植在园林绿地中起防护、分隔、范围、庇荫、背景或组成风景林等作用。多用于大面积公园的安静休息区、园围地带、风景游览区或休养、疗养区及卫生防护地带。

树林按树种可分为纯林和混交林，按疏密度可分为疏林和密林。密林的郁闭度在 0.7～1.0，阳光很少透入林下，所以土壤湿度很大，地被植物含水量高、组织柔软脆弱，

图 5-156　林带

经不起踩踏，容易弄脏衣物，不方便游人活动，在绿地设计中不能超过陆地绿化面积的 40%。纯林密林应选用最富有观赏价值且生长健壮的地方树种，为使林冠线的变化丰富，可采用异龄树种造林，也可利用起伏的地形造林。混交密林可以是具有多层结构的植物群落，结构设计与混交树群相似，但不能全部植满，应留出可使游人深入其内的通路及可供小憩的空地。大面积的可采用片状混交，为了提高林下景观的艺术效果和使用效果，利于下层植被正常生长和增强可见度，郁闭度最好在 0.7～0.8。

单纯密林和混交密林在艺术效果上各有特点，前者简洁壮阔，后者华丽多彩，两者相互衬托，特点更突出，因此不能偏废。但从生物学的特性来看，混交密林比单纯密林好，因此，在园林中不宜设计太多纯林。

疏林的郁闭度在 0.4～0.69，常与草地结合，故又称为草地疏林或疏林草地。不论是鸟语花香的春天，浓荫蔽日的夏天，或是晴空万里的秋天，游人总是喜欢在林间草地上进行休息、游戏、看书、摄影、野餐、观景等活动，即使在白雪皑皑的严冬，疏林草地内仍然别具风情。因此，它是园林中应用最多的一种形式，可占陆地绿化面积的 60% 左右。

树林中的树种应具有较高的观赏价值,生长健壮,树冠疏朗开展,使四季皆有较好的观赏效果。设计时要特别注意林中空地周围林缘的景观处理,包括树种的搭配及竖向和水平层次的组合。林中的树木应疏密相间、有断有续、自由错落,使构图生动活泼。

(2)规则式种植

乔、灌木的规则式种植是指种植的乔、灌木之间有一定规律可循的种植方式,包括对植、列植、篱植等形式。

①对植 对植是指用两株或两丛相同或相似的树木,按照一定的轴线关系做相互对称或均衡布置的种植方式。主要用于强调公园、绿地、建筑、道路、广场、桥梁等的出入口。在空间构图上是作配景的,同时还具有庇荫、诱导的作用。

对植分为规则对植和自然对植两种形式(图5-157)。规则对植亦称为对称对植,是利用同一树种或同种极相似的两个树种,同一规格的两组树可依主体景物的中轴线做对称布置,两组树的连线应与轴线垂直并被轴线等分。常用于规则入口和道路两旁。一般采用树冠整齐、树形直挺的树木。种植的位置要既不妨碍交通和其他活动,又能保证树木有足够的生长空间。一般乔木与建筑墙面的距离应在5m以上,小乔木和灌木可酌情减少,但距离应在2m以上。距铺装地边缘的距离要视树木的分枝点及冠幅情况而定,以不使树木影响人的活动为宜。自然对植又称为不对称对植,可利用同一树种或同属极相似的两个树种,不同规格、不同姿态的两组树木,依主体景物的中轴线做不对称但均衡的布置,两组树与轴线的关系应符合力矩原理,即近大远小,两组树种植点连成的直线不得与中轴线成直角相交。主要用于自然式绿地的出入口、桥头、石阶蹬道、河道口等处起衬托、诱导作用。若入口不太宽,对植还能形成框景或夹景的景观效果。

a. 规则对植　　　　　　　　　　b. 自然对植

图5-157　对植

②列植 列植即行列栽植(图5-158),是指乔、灌木按一定的株行距成行成排种植,或在行内株距有变化。行列栽植形成的景观比较整齐、单纯、气势大。列植是规则种植的一种基本形式,广泛用于道路旁、广场中、广场周围、较大型建筑周围、院墙

旁、防护林等处。列植在与道路配合时，还有夹景的效果。另外，列植还具有施工及管理方便的优点。

列植宜选用树冠体形比较整齐、枝繁叶茂的树种。栽植距离则取决于树种的特点、苗木规格和园林主要用途。一般乔木株距采用 3~8m，甚至更大；灌木株距为 1~5m。

列植在设计时，要注意处理好与其他因素的矛盾，如铺装地边缘、地下及地上管线、建筑物等。应适当调整距离，保证设计技术要求的最小距离。

图 5-158　列植

③篱植　篱植（图 5-159）即绿篱、绿墙，是指将灌木或小乔木以小的株行距密植成单行或多行、紧密结合的规则的种植形式。绿篱的株距一般为 0.3~0.5m，行距为 0.4~0.6m；绿墙的株距为 1~1.5m，行距为 1.5~2m。双行篱植苗木栽植点应为三角形排列。

图 5-159　篱植

篱植是规则式栽植的一种主要形式，它在园林绿地中可起到范围与防护的作用，可分隔空间、屏障视线、美化挡土墙、遮蔽不美观的墙基，以及作花境、喷泉、雕像的背景。

a. 根据高度的不同，篱植可分为：

绿墙或树墙：高度在 1.6m 以上，主要是分隔空间、遮挡视线和作喷泉、雕塑的背景，也有防护作用。绿墙的材料有圆柏、侧柏、罗汉松、女贞、小蜡、冬青、月桂、枸橘、珊瑚树、蚊母树等。

高绿篱：高度范围是 1.2~1.6m，作用同绿墙。

绿篱：高度范围是 0.5 ~ 1.2m，是园林绿地中最常用的绿篱类型。作用与绿墙相似，但不遮挡视线，还可作花境的背景。

矮绿篱：高度在 0.5m 以下，主要是围合绿地起装饰性镶边作用，如装饰花坛和作观赏性草坪的边缘。矮绿篱的材料有黄杨、波缘麦冬、九里香、大叶黄杨、圆柏、日本花柏等，其中以雀舌黄杨最为理想。

b. 根据功能要求与观赏要求不同，篱植可分为：

常绿篱：由常绿树木栽植而成，如圆柏、黄杨。

落叶篱：由落叶树木栽植而成，如榆树、紫穗槐。

花篱：由观花树木栽植而成，如栀子花、迎春。

观果篱：由果实有观赏价值的树木栽植而成，如枸骨、火棘。

刺篱：由带枝刺的树木栽植而成，主要起防护作用，如黄刺玫、花椒等。

蔓篱：由攀缘植物栽植而成，需有竹篱、木栅栏或铅丝网栏支撑，主要起防护和围合空间的作用。

编篱：是将绿篱的枝条编结起来形成的，可增加绿篱的防护作用，避免人和动物穿行。常用的植物有木槿、杞柳、紫穗槐、叶子花等。

另外，为了使绿篱的立面有变化，还可运用不同高度的绿篱修剪成台阶式、城垛式、波浪式等。

（3）色块、色带

色块（图 5-160）是指将色叶植物紧密栽植成设计图案形状并按设计高度修剪的种植类型。若长宽比大于 4：1 则称为色带（图 5-161）。这种种植形式是从篱植发展来的，近些年来越来越广泛地应用于广场、街道、坡地、立体交叉等绿地的草坪上，是一种装饰性强、具有较好美观效果的种植形式。

色块、色带的形式可根据环境及立意设计，可规则，可自然，它们的材料主要有圆柏、金叶千头柏、黄杨、金叶女贞、紫叶小檗、变叶木、红黄榕、大叶苤草等，也可用花卉组成色块、色带。

图 5-160 色块

图 5-161 色带

5.4.4.2 花卉的配置设计

花卉种类繁多、色彩艳丽、繁殖较容易、生育周期短，因此，花卉是园林绿地中经常用作重点装饰和色彩构图的植物材料。常用于出入口、广场的装饰，以及公共建筑附近的陪衬和道路两旁及拐角、林缘的点缀，在烘托气氛、丰富景色方面有独特的效果，常配合重大节日使用。花卉也是一种费钱、费工的种植材料，寿命比较短，观赏期有限，而且养护管理要求精细，因此在使用时一定要从实际出发，根据人力、物力适当应用。在应用时除选一、二年生花卉外，宜多选用费工少、寿命长、管理粗放的花卉种类，如球根花卉和宿根花卉等。

花卉的配置主要有以下几种形式：

（1）花坛

花坛原指园林绿地中成丛种植花卉的地面或土台，现已演变为指在园林绿地的植床内或地面上种植或摆放的各种不同观赏植物（包括造型需求的其他材料）而构成具有华丽纹样（或鲜艳色彩）的平面图案或主体造型的植物群。花坛是园林绿地中重点地区节日装饰的主要花卉布置类型。常布置在入口及建筑前的广场上、道路交叉口的转折处及风景视线的对景处等。

① 花坛的分类

按构图形式：可分为规则式、自然式和混合式。

按形态：可分为平面花坛、立体花坛、组合花坛等。

按观赏季节：可分为春花花坛、夏花花坛、秋花花坛、冬花花坛等。

按节日性质：可分为"五一"花坛、"七一"花坛、"十一"花坛、元旦花坛、春节花坛（图 5-162）等。

按栽植材料：可分为一、二年生草花花坛和球根花坛、水生花坛、专类花坛等。

按栽植形式：可分为花丛花坛、模纹花坛（图 5-163）、混合花坛等。

按运用形式：可分为单体花坛、连续花坛、组群花坛等。

按布置与地面的关系：可分为高设花坛、地面花坛（图 5-164）等。

图 5-162　春节花坛

图 5-163　模纹花坛

a. 高设花坛　　　　　　　　　　　　　　b. 地面花坛

图 5-164　高设花坛和地面花坛

②花坛的设计要点

a. 根据环境特点、轮廓形状、占地大小、节日性质、花坛作用等进行构图，确定花坛主题及其图案或造型。应注意花坛的布置形式要与环境统一。花坛要利于观赏，一般内高外低，中心高、四周低。花坛半径4.5m左右的区段观赏效果最佳，图案的最佳观赏位置为距人1.5～4.5m。花坛半径超过4.5m时，花坛表面应做成斜面以利于观赏，还应把花坛图案成倍加宽，以克服图案缩小变形的缺陷。花纹的最小宽度应是所选花卉单株或单盆的直径。

b. 根据花坛主题及图案或造型，结合花期、花色、植株高矮等选择花材。最好选择花期一致且较长、开花繁茂、植株高矮较一致的花卉种类。根据花坛面积或体表面积、所选花卉植株占地大小或盆径计算用花量。计算时要留出一定的损耗量（损耗率一般为10%～20%）。

c. 花坛的床地要符合栽培的要求，不能积水。

（2）花丛

花丛是指花卉的任意形集合种植形式。平面可以是规则式，也可以是自然式，直接种在露地上或植床内。花丛可分为单纯花丛和混交花丛两类。

花丛多选用多年生、生长健壮的宿根花卉，也可选用野生花卉和可自播繁衍的一、二年生花卉。花丛一般可布置在林缘、路边、道路转折处、路口、休息设施对景处的草坪上。布置时面积和形状要与环境相协调，若为混交花丛，则同一花丛内种类要少而精，形态和色彩要有变化，各种花卉以块状混交为主，并要有大小、断续的变化，高矮关系要利于观赏，一般与人的关系是近低远高。

图 5-165　花带

（3）花带、花境

花带（图 5-165）是长条形的单纯花丛，只是布置地点主要在路旁、绿篱旁、墙体旁及花架、游廊两侧等带状地带处的草坪上,用草坪、绿篱、墙体作背景,有时也布置在路中的带状花池中。

花境(图5-166)是指以多种多年生花卉为主,自然式块状混交组成的带状植物种植形式。它的构图是一种沿着长轴的方向演进的连续构图,是竖向和水平的综合景观。花境所选用的植物材料以能露地越冬的多年生花卉或花灌木为主,要四季美观且有季相变化,一般栽植后3~5年不更换,以反映植物群落的自然景观。

花境的布置地点与花带相同。花境包括单面观赏花境、双面观赏花境两种,在布置时单面观赏的应前低后高,双面观赏的应两侧低中间高,以利于观赏。

花带、花境的平面形状可为等宽的直线形,也可为不等宽的自然曲线形。不管何种形状,只要与环境相协调,有较好的观赏效果即可。

图 5-166　花境

（4）其他花卉种植形式

花卉的种植除直接种在露地上或用花盆直接摆放在场地上以外,还有一些设施可供花卉栽植用,如花池、花台、花钵（或花箱）、花斗（图5-167）、花柱、花缸（图5-168）等。

花池是指用砖石等作为池缘的花木栽植床地。花台是指抬高植床的花池。因抬高了植床,缩短了观赏视距,因此宜选用适于近距离观赏的花卉。花池、花台的平面面积及形状应与环境相协调,可为单体,也可为组合体。组合花台最好有高差,以丰富立面景观。

花池、花台除采用规则的砖石、混凝土砌体外,传统的还有采用自然山石体的。花池、花台内除种植花卉外,还可种植树木、设置山石,组成树石大盆景。建筑出入口两侧的花台宜种植不需精细管理的花木,但体量不宜高大。

花钵（或花箱）是种植或插摆花卉的盛器。花钵造型丰富、小巧玲珑,能较灵活地与环境搭配,具有很强的装饰性,近年来已越来越多地出现在公园街道等园林绿地中,以及建筑入口、室内、窗前、阳台、屋顶等处。花钵有天然竹、木、石材的和人工合成材料的,高矮、大小、色彩、形状多样,在运用时可根据运用地点、环境特点及经费等情况综合考虑,选择适合的钵体(或箱体)。钵(箱)体内可直接种植花卉,也可在无花木种植时插摆假花。

图 5-167　花斗　　　　　　　　　　　图 5-168　花缸

5.4.4.3　攀缘植物的配置设计

（1）攀缘植物的特点及作用

攀缘植物具有柔长的枝条和蔓茎、美丽的绿叶和花朵,可借助吸盘、卷须、气生根等攀爬至高处,也可借蔓茎缠绕向上或垂挂覆地。它们在生长时形成的稠密绿叶和花朵覆盖层可丰富园林构图的立面景观,因此,攀缘植物是园林绿地中供廊架绿化(图 5-169)用的主要植物材料。攀缘植物在绿化上的最大优点,在于它们可以经济利用土地和空间,在较短的时间内达到绿化效果,解决在城市中某些局部因建筑物拥挤、空地狭窄,无法用乔、灌木进行绿化的矛盾。

图 5-169　廊架绿化

用攀缘植物绿化建筑墙面后，可以有效地降低夏季受强烈阳光照射的墙面特别是向西的墙面的温度。沿街建筑的垂直绿化，还可以吸收从街道上传来的城市噪声，也可以减少沙尘对住宅的侵袭。覆盖地面的攀缘植物，可以与其他园林植物一起发挥保持水土的作用，增加园林地面景观。用攀缘植物绿化某些山石局部和石山地区，可使枯寂的山石生趣盎然，大大提高其观赏价值。基于以上情况，攀缘植物可以广泛应用在城市中，如棚架、墙体（图5-170）、栅栏或栏杆、柱体、高大枯死老树、假山石旁、坡地、建筑的窗台和阳台上等。

种植攀缘植物除具有显著的优点外，也有一些弊端，如招虫、损毁墙面、挡光等，运用时要权衡利弊。

图 5-170　墙体绿化

（2）攀缘植物的分类

攀缘植物种类很多，垂直绿化采用的包括多年生藤本植物和一、二年生草本攀缘植物，它们有不同的生态习性、生物学特性和观赏特性。

①按生长的速度分　生长快的，2～3个月就可浓绿蔽日，如瓜豆类；生长慢的，如五味子、紫藤。

②按攀爬高度分　爬得高的，可攀缘20m以上，如地锦；爬不高的，只能长到1～2m，如旱金莲。

③按冬季是否落叶分　常绿的，如常春藤；落叶的，如紫藤、地锦。

④按对光照的需求分　喜光的，如葡萄；耐阴的，如络石。

⑤按对肥水的需求分　喜肥沃的，如葡萄；耐干旱、耐瘠薄的，如地锦、葛藤。

⑥按耐寒的程度分　耐寒的，如南蛇藤、地锦；不耐寒的，如叶子花、炮仗花。

⑦按可观赏部位分　观花的，如炮仗花、珊瑚藤；观果的，如葡萄；观叶的，如银边

常春藤；观藤的，如南蛇藤。

⑧按是否可自行攀爬分　可自行攀附生长的，如地锦、络石、扶芳藤；需人工牵引、固定才能攀附生长的，如藤本月季。

⑨按攀附的器官分　吸盘，如地锦；卷须，如瓜类、豆类、葡萄、牵牛花；缠绕茎，如紫藤；气生根，如薜荔；勾刺，如藤本月季。

鉴于以上情况，设计时要根据攀缘植物的生物学特性、生态习性等因地制宜地选择攀缘植物种类，合理地进行配置。

（3）攀缘植物的设计要点

与墙体配合时宜选择有吸盘或有气生根的攀缘植物，如地锦、薜荔等，栽植密度为 2～4 株 /m。与棚架配合的攀缘植物最好种植在支柱旁，以使棚架内的人获得较大的视野，利于观赏周围景致。为了弥补多年生植物幼年不能覆盖棚架的问题，可以临时种植一些草本攀缘植物，或先不建棚架，让植物在地面上自然生长，长成再搭建棚架。与栏杆配合的，一般选爬不高的攀缘植物即可，栽植密度约 1 株 /m。与柱体或枯死老树配合的，一般每柱或每株枯死树旁种 1～2 株攀缘植物即可。与假山石配合时，攀缘植物不能影响山石的主要观赏面，以免喧宾夺主。因此，攀缘植物只宜种植在山石的背面（开采面），并要加强日后的养护管理，即经常剪除长到山石观赏面的枝条。与坡地配合的攀缘植物可选地锦、络石、薜荔等。有些攀缘植物可单独种植，如紫藤、叶子花等。选用观花的攀缘植物时，宜选花色与攀附物颜色能产生对比的种类。如浅色墙宜选用花色深的攀缘植物，而深色墙则宜选用开浅色花的攀缘植物。现代建筑表面装饰较好，在设计时，不宜用攀缘植物遮掩，可小面积用在不太美观的地方或需要遮挡的地方。阳台、窗台等处宜选用可悬垂的攀缘植物，如绿萝。

5.4.4.4　水生植物的配置设计

（1）水生植物的特点和作用

可在水中生长并繁殖的植物称为水生植物。水生植物一般生长迅速、适应性强、栽培粗放、管理省工。园林应用中水生植物的茎、叶、花、果都具有观赏价值。在水体内种植水生植物，可丰富水面观赏内容、增添水面情趣，可减少水面蒸发、改良水质，还可提供一定的副产品，如莲子、藕、菱角、慈姑等。

（2）水生植物的分类和特点

水生植物按生态习性可分为沼生植物、浮生植物、漂浮植物 3 类。

①沼生植物　沼生植物（图 5-171）大部分为挺水植物。它们的根浸在泥中，植株直立挺出水面，一般生长在水深不超过 1m 的浅水或岸边沼泽地带，如荷花、千屈菜、水葱、芦苇、荸荠、慈姑、黄菖蒲等。

②浮生植物　浮生植物（图 5-172）的根生长在水底泥中，但茎并不挺出水面，仅叶、花浮在水面上，如睡莲、菱角、芡实等。

③漂浮植物　漂浮植物（图 5-173）的全株均漂浮在水面或水中，如凤眼莲、浮萍等。这类植物大多数生长迅速、培育容易、繁殖快，具有一定的经济价值。

a. 荷花

b. 芦苇

图 5-171　沼生植物

a. 睡莲

b. 菱角

图 5-172　浮生植物

a. 浮萍

b. 凤眼莲

图 5-173　漂浮植物

（3）水生植物的设计要点

应根据水面大小及水的深浅、拟取得的水面景观效果、水生植物的特点等选择水生植物种类。较大的水面可以几种混种，但要有主次之分，在植物间有形体、高矮、姿态、叶形、叶色、花期等的对比调和。沼生植物宜种植在既不妨碍水上活动又能增进岸边风景的边缘水域中，但不宜用在小水池中。浮生植物可种在稍深一些的水域中。漂浮植物可作静水面上的点缀，或用于改良水质、提供饲料、增加大水面的曲折变化。

在水体中种植水生植物时，为有倒影效果及扩大空间感，不宜种满一池，也不宜沿岸种满一圈，应有疏有密、有断有续。在水面内水生植物面积应不大于水面面积的1/3。

为了控制水生植物的生长，应设置水生植物种植床，或用缸栽植。若水较深，可提高植床或在水下设墩台以利于水生植物生长。水生植物的种植深度一般在水面下1.0m以内（图5-174）。

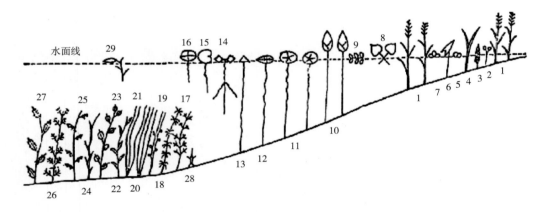

图5-174　各类水生植物种植示意图

1.芦苇　2.花蔺　3.香蒲　4.菰　5.青萍　6.慈姑　7.紫萍　8.水鳖　9.槐叶萍　10.莲　11.芡实　12.两栖蓼　13.菱菱　14.菱角　15.睡莲　16.荇菜　17.金鱼藻　18.黑藻　19.小茨藻　20.苦草　21.苦草　22.竹叶眼子菜　23.光叶眼子菜　24.龙须眼子菜　25.菹草　26.狐尾藻　27.大茨藻　28.五针金鱼藻　29.眼子菜

5.4.4.5　草坪的配置设计

（1）草坪的含义与作用

草坪是指选用多年生矮小草本植株密植，并经人工经常剔除杂草、碾轧修剪平整的人工草坪。一般不经修剪的长草地域只能称为草地而不能称为草坪。

草坪的园林功能是多方面的：覆盖地面，减少飞尘；消毒杀菌，净化空气；调节气温，增加湿度；保持水土，防止冲刷；使视觉舒适，平和心神；美化环境，可供游憩。

（2）草坪的类型及特点

①根据草坪的用途分（图5-175）

游憩草坪：是指供散步、休息、游戏及户外活动用的草地，一般采用叶细、韧性大、较耐践踏的草种，需经常进行轧剪管理。

观赏草坪：是指只供观赏，游人不得入内游憩踩踏的草坪。所选草种不一定耐踩踏，但观赏性较强。

运动草坪：是指供体育活动用的草坪，一般采用草叶细密、耐踩踏、繁殖力强的草种。

交通安全草坪：是指设置在陆路交通沿线如立体交叉桥、高速公路两旁和飞机场等处的草坪。

护坡、护岸草坪：是指布置在坡地、水岸，为防止水土流失而铺的草地。主要选用生长迅速、根系发达或具有匍匐性的草种。

a. 游憩草坪

b. 观赏草坪

c. 运动草坪

d. 交通安全草坪

e. 护坡、护岸草坪

图 5-175 根据草坪的用途分

②根据草坪的植物组合分

单纯草坪：是指由一种草本植物组成的草坪。

混合草坪：是指由多种草本植物组成的草坪。它各方面的性能优于单纯草坪。

缀花草坪：是指以多年生矮小禾本科植物为主，混有少量鸢尾、葱兰或韭兰、酢浆草、马蔺、二月蓝、秋海棠、紫花地丁、野豌豆等草本及球根植物的草坪。这些植物数量一般不超过草地总面积的 1/3，主要用于游憩草坪、林中观赏草坪和护坡护岸草坪上。此种草坪美化效果较好。

③根据草坪的形式分

规则式草坪：是指表面平坦、外形规整的几何轮廓的草坪。适用于运动场、城市广场及其他园林绿地的局部规则场合，如花坛、雕像、纪念碑等设施周围。

自然式草坪：是指表面有一定的起伏、外形轮廓曲直自然的草坪。在园林绿地中，如公园中、路旁、滨水地带等，大部分地方均可采用此种草坪形式。

（3）草坪的设计

根据具体情况选择适合的草种。具体情况是指地区气候特点、土壤状况、草坪用途等。首先，园林绿地中的草坪最主要的功能是满足游人游憩和体育活动的需要，因而选择的草种应低矮细密、耐踩踏。其次，草坪的占地面积往往较大，养护起来比较费工、费水，因而选择的草种最好有良好的抗旱性能，管理粗放。

为了使雨后能尽快开放，提高使用效率，并有良好的观赏效果，应使草坪有合理的坡度。护坡、护岸草坪若无工程护坡，则坡度不大于30°。规则式草坪、运动草场只需保证最小的排水坡度，即0.2%～1%，一般从中心向四周倾斜。游憩草坪的坡度应为0.5%～15%，以3%～5%最佳，同一坡度距离不宜太长，应有些起伏，必要时可埋设盲沟来解决排水问题。

5.4.5　园林植物与环境、设施的配合要点

5.4.5.1　园林植物与出入口的配合

出入口的植物一般应以常绿植物为主，配以春季或夏季开花或秋季挂果或变色的落叶植物（乔、灌木均可，视设计用地面积而定）。以不对称但均衡的对植为宜。出入口的植物种植要注意满足功能要求，不影响交通，并能突出体现园林绿地或建筑设施的特点（图5-176）。

图5-176　园林植物与出入口的配合

5.4.5.2 园林植物与道路的配合

（1）与规则的道路配合

一般在路两侧对称地列植单一乔木，或乔、灌木间植。此种方式可引导行进方向，突出前方景物，有夹景效果。

（2）与自然园路配合

可双侧或单侧列植，但最好是不规则地在路边孤植或丛植一些植物以突出自然景观效果，增加路边景观变化。孤植点最好选在转折处，丛植可在路两侧起遮阳及框景的作用。种植点多选在路的南侧，起庇荫作用。

园林植物与道路配合时还应注意安排植物作观赏对景（图5-177）。

图 5-177　园林植物与道路的配合

5.4.5.3 园林植物与广场的配合

（1）与规则式广场的配合（图5-178）

在广场入口处可对植花木，在广场边缘及广场中可列植乔木，广场中的花坛也多为规则的几何形。

（2）与自然式广场的配合

在广场的入口处可对称对植或均衡对植花木，在广场边缘可丛植花木，在广场中可丛植乔木。丛植的位置应选择轴线方向或风景视线的焦点。

植物与广场的配合，应特别注意广场内庇荫树种植点与广场边缘的关系，不宜距边缘太近以免造成铺装场地的浪费。广场外种植点应注意控制场地轮廓的转折点，使转折显得自然合理。若非分隔空间和作对景用，灌木不宜种植在广场内，并应距广场外缘1.0m以上，以免影响场地的利用。庇荫树种植位置及树种选择应考虑阳光照射方向。常绿乔木最好种植在北侧。

图 5-178　园林植物与规则式广场的配合

5.4.5.4　园林植物与园林建筑的配合

园林建筑周围的植物应有一定立意或可四季观赏，种类及种植点的选择皆应注意立面或空间构图的美观，应有入画性（图 5-179、图 5-180）。

图 5-179　园林植物与亭的配合　　　　图 5-180　园林植物与花架的配合

图 5-181　园林植物与草坪的配合

5.4.5.5　园林植物与草坪的配合

草坪中可用孤植、丛植、群植的植物作观赏主景，位置应选在道路轴线的延线交点处。草坪边缘可用花卉、灌木丛控制转折点。还可用丛植、林植、群植等方法遮挡视线、围合空间，以形成不同的空间效果（图 5-181）。

在草坪上种植植物还应注意层次关系及景深效果。可近低远高，或近高

（只限落叶乔木或分枝点高的常绿乔木）、中低、远高。

草坪上的植物材料选择乔木、灌木、花卉均可，配置时要有立意，注意色彩组合及季相变化效果。丛植、群植等体现植物群体美的种植形式要适合植物的生态学特性，且疏密相间，密度适当，这样才能获得理想的设计效果。

5.4.5.6　园林植物与水体的配合

水体主要有长条形和块状两种基本形。长条形包括小溪、河流、水渠、运河等，块状包括水池、湖泊等。水渠、运河及规则水池旁宜用列植，单纯乔木或乔木与灌木相间列植均可。自然水体（小溪、河流、自然水池及湖泊）旁最好不要采用列植的方式，而用孤植、丛植的种植方式以突出自然气息（图5-182）。种植时树木间距应有疏有密，与水体关系应有近有远，注意控制突出点位，组织好风景视线以形成适当的障景、框景及透景、漏景效果。另外，还要注意与水边设施的庇荫与衬托关系。

图 5-182　园林植物与水体的配合

5.4.5.7　园林植物与园桌、园凳、园椅的配合

园桌、园凳、园椅旁最好有庇荫的大乔木（图5-183），设计时要注意乔木的方位，落叶大乔木应在园桌、园凳、园椅的东、南、西侧，常绿植物及灌木适合布置在园桌、园凳、园椅的北侧，这样才能获得夏庇荫、冬避风的效果。园桌、园凳、园椅旁应注意选择花香怡人的植物。若想获得私密效果，还可用绿篱、花台围合成半开敞的小空间，在视线前方布置植物对景（树丛、花丛），使游人休息时有景可赏。

5.4.5.8　园林植物与小庭院的配合

小庭院的植物配置设计首先要注意树种的选择与环境尺度的关系。小庭院不宜用太高大的树种，以免显得庭院更小。其次应注意种植点位的确定。主景植物种植点应选择在主要观赏视线上，最好是多向视线的交点处。其他树木种植点应选在对墙及角隅有装饰与遮挡（蔽）作用的点位处。庭院中的植物都应注意保证种植点与建筑物、构筑物的最小距离。乔木距平房 2m、楼房 3～5m、围墙 1.5m、道牙 1.5m 以上。灌木距建筑 0.8m、道牙 1.5m 以上。还需考虑与不同管线的距离要求。种植形式应注意与环境相协调。另外，还要注意层次关系，上层树木喜光，下层及建筑北侧的植物应有一定耐阴性，与观赏点的关系是近低远高（图 5-184）。

图 5-183　园林植物与园桌、园凳、园椅的配合

图 5-184　园林植物与小庭院的配合

【实践教学】

实训 5-5　园林植物配置设计

一、目的

在广东生态工程职业学院校前区环境改造硬景设计（图 5-185）的基础上，分析景观构成特点，通过植物配置设计练习，能够根据园林植物配置的特点及艺术要求合理进行园林植物配置设计。

二、材料及用具

A3 绘图纸、制图工具、上色工具、计算机等。

三、方法及步骤

1. 综合分析

从功能、景观等方面进行综合分析。比如，某个地方需要遮阴，某个地方需要用密林阻挡外部视线或隔离噪声，某个地方需要呈现岭南园林特色，某个地方需要水生植物，某个地方需要突出等。植物景观类型就是植物群体配置在一起显现出来的外在表象类型，如疏密（疏可跑马、密不容针）、布局（金角银边、铜角铁边）、形式（规则式、自然式），具体来说，是密林、线状的行道林、孤立的大树、灌木丛林，还是绿篱、地被、草坪、花镜等。

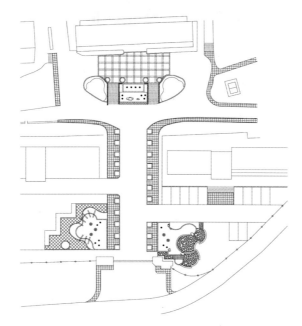

图 5-185　广东生态工程职业学院校前区环境改造硬景设计平面图

植物景观类型的选择与布局源于：

（1）结构性——确定设计区域的总体景观框架。主要基于顾客的总体景观意向需要和整体美学原则的需要来构筑景观框架。结构性景观布局在某种程度上等同于景观框架区划。

（2）功能性——功能的需要，比如，说某个地方需要遮阴，某个地方需要用密林阻挡外部视线或隔离噪声，林荫道路，广场遮阴等，是景观类型的选择与布局的基本考究。

（3）景观性——比如，整体上布局安排景观线、景观点，某个视角需要软化，某些地方需要增加色彩或层次的变化等。

有时也会源于其他特殊的或景观布局过渡需要选择与布局植物景观类型。

2. 类型配置

根据综合分析，考虑什么地方该布置什么样的植物景观类型。

3. 品种选择

要在适地适树的前提下，根据类型配置的要求筛选植物品种。

（1）确定各植物类型的主要品种。主要品种是用于保持统一性的品种，是植物景观类型的主体构架品种。一般来说，主要品种的品种数量要少（如20%），相似程度高，但植株数量多（如80%）。

（2）确定各植物类型的次要品种。次要品种是用于增加变化性的品种，品种数量要多（如80%），但植株数量要少（如20%）。

4. 图纸绘制

综合运用"单元2　园林设计表现技法"中相关知识,完成图纸的手工及计算机软件绘制。

四、成果

绘制出广东生态工程职业学院校前区环境改造园林植物配置设计平面图（图 5-186），并列出苗木统计表（表 5-2）。设计能力较强的同学还可以绘制其总体设计平面图（图 5-187）、鸟瞰图（图 5-188）、节点表现图（图 5-189、图 5-190）。

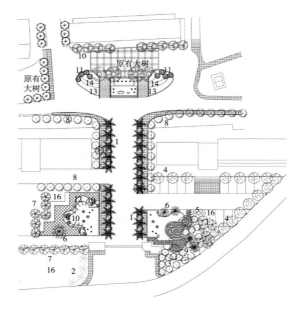

图 5-186　广东生态工程职业学院校前区环境改造园林植物配置设计平面图

表 5-2　苗木统计

序号	图例	名称	规格			数量（株）	面积（m²）	备注
			胸径（cm）	冠幅（cm）	高（cm）			
1		大王椰子	φ20~25	250~300	300~350	13		
2		湛江榕	φ40~60	400~500	400~500	4		
3		紫荆	φ7~8	250~300	300~350	20		
4		尖叶杜英	φ8~10	250~300	300~350	9		
5		桂花				2		
6		造型罗汉松		250~300	150	3		

（续）

序号	图例	名称	规格			数量（株）	面积（m²）	备注
			胸径（cm）	冠幅（cm）	高（cm）			
7		吊瓜树	φ10~12	250~300	300~350	6		
8		秋枫	φ13~15	300~350	300~350	34		
9		红花楹		300~350	400~500	1		
10		黄榕球		100	100	8		
11		灰莉球		150	150	8		
12		黄榕		30~40	30~40		78.52	
13		黄连翘		30~40	30~40		45	
14		红花檵木		30~40	30~40		35	
15		杜鹃		30~40	30~40		41	
16		台湾草					450	标准件

图例：
① 学校大门
② 景观喷泉
③ 诗书廊
④ 构架
⑤ 置石
⑥ 景观大道
⑦ 绿色情缘雕塑
⑧ 水幕墙
⑨ 中心广场
⑩ 停车场
⑪ 文化石柱
⑫ 木平桥
⑬ 文化广场
⑭ 文化景墙
⑮ 绿色广场

图 5-187　广东生态工程职业学院校前区环境改造总体设计平面图

图 5-188　广东生态工程职业学院校前区环境改造总体设计鸟瞰图

绿色广场区节点平面图

图 5-189　广东生态工程职业学院校前区环境改造绿色广场节点表现图

文化广场区节点平面图

图 5-190　广东生态工程职业学院校前区环境改造文化广场节点表现图

【小结】

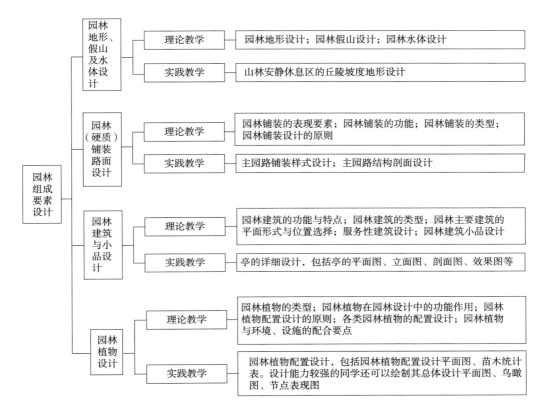

【自主学习资源库】

1. 黄东兵．2012．园林绿地规划设计．高等教育出版社．
2. 张柏．2012．园林景观地形铺装·路桥设计施工手册．田建林，中国林业出版社．
3. 毛颖．2015．城市景观系部设计实例——休憩空间景观设计．化学工业出版社．
4. 张青萍．2010．园林建筑设计：从概念到形式．东南大学出版社．
5. http：//www.zhulong.com/（筑龙网）

【自测题】

1. 名词解释

地形、假山、特置、对置、散置、群置、园林铺装、跌水、亭、廊、花架、孤植、灌木、丛植、花境。

2. 简答题

（1）地形在园林景观中有哪些作用？

（2）园林景观中有哪些地形类型？

（3）园林地形设计的原则是什么？
（4）假山的功能作用是什么？
（5）园林道路铺装的作用是什么？
（6）园林铺装有哪些表现要素？
（7）园林铺装的构形有哪些基本形式？
（8）园林建筑有哪些功能？
（9）园林建筑有哪些类型？
（10）园林建筑小品有哪些主要功能？
（11）园林植物有哪些美学功能？
（12）园林植物配置设计有哪些原则？
（13）花坛有哪些设计要点？
（14）水生植物有哪些设计要求？

3. 综合分析题

（1）冬天来了，小明和妈妈一起去儿童乐园玩。他们来到一个大草坪上准备玩游戏，忽然一阵北风吹来，把小明和妈妈冷得打了一个冷颤。"哈啾！"小明立刻打了一个喷嚏。妈妈说："宝贝，这儿实在是太冷了，没有任何遮挡，我们还是回去吧。"请根据这个情况分析一下这个地形存在什么设计上的问题。

（2）夏天到了，四岁的欢欢和爸爸一起去广场看喷泉。可白天喷泉不开放，欢欢看见水池里面有水，就想着去和水亲近一下，凉快凉快，可一不小心脚一滑，欢欢掉进水里了，可把爸爸吓坏了。爸爸连忙把欢欢抱上来。请由此分析该广场上的喷泉设计存在哪些设计上的问题。

（3）幼儿园的校道上铺设了新的彩色鹅卵石铺装，小朋友们觉得很好奇，那些鹅卵石晶莹剔透、五颜六色，别提有多好看了。大家纷纷跑上去玩，你推我赶的。"哎呀呀，好疼啊！"过不了一会，就听到不少小朋友摔跤喊疼的声音，请由此分析该幼儿园在道路铺装设计上的问题。

（4）综合分析园林植物规则式种植和自然式种植的区别和联系。

单元 6

园林设计入门

【知识目标】

（1）了解园林设计的要求，熟悉园林设计的流程与内容。

（2）了解园林设计过程中方案构思的功能及组成部分，掌握方案构思的方法。

【技能目标】

（1）能分析比较园林设计各个阶段的特点和要求。

（2）能熟练运用所学知识进行小型园林方案设计。

6.1　认识园林设计

6.1.1　园林设计的要求

6.1.1.1　设计师的使命
通常的理解是，设计方案就是对天、地、墙的装饰，以及对家具、布艺和装饰品的布置。在这些工作中，很多已经存在了需要遵守的规范，或可以遵循的知识及规律。但是，除了环境硬件的改造之外，环境更是一个用来居住、充满了个人行为的场所。因此，设计的基本着眼点永远是：生活在其间的人。如何把握一个空间环境向使用者直接或间接地传递某种气质，令使用者对环境产生归属感，则是远远超出规范之外的东西。理解并实现这个目标，便是一名专业设计师的使命。

6.1.1.2　设计师必须具备的专业素质
设计师必须系统地掌握应用心理学、社会行为学、基础室内及室外物理学；必须熟悉建筑学以及环境艺术学；必须不断跟踪世界范围内环境艺术设计与创新动态；必须不断地从工地和实际生活中补充实践经验与实际生活体验的不足；必须对新的生活方式、人与环境的关系具有高度的敏感心。

上述知识背景的要求是基础的，一切个性化的思想、风格、品位都应该是建立在这样一个共同的背景之上。对于一个刚刚跨出校门的毕业生来说，如果希望成为一个直接面对客户的独立设计师，在一个拥有再教育机会的专业环境中学习 5 ~ 10 年的时间是合情合理的。

6.1.1.3　好设计的来源
（1）扎实的专业知识

好的园林设计需要设计者在风景园林规划设计、城市规划与设计、风景名胜区和各类城市绿地的规划设计等方面具备扎实的专业知识。

（2）良好的专业素质

园林设计本身是个复杂精细的过程，它作为一个全新的内容完全不同于制图技巧的训练。园林设计的特点可以概括为创作性、综合性、双重性、过程性和社会性，要求具有良好的专业素质。

（3）丰富的想象力

园林设计的过程本身就是一种创作活动，它需要创作主体具有丰富的想象力和灵活开放的思维方式。

（4）良好的团队精神

园林设计是一门综合性很强的学科，涉及建筑工程、生物、社会、文化、环境、行为、心理等众多学科。要求每名设计人员具有良好的团队精神，从而保证整个设计团队的高效率运转。

6.1.2 园林设计的流程与内容

园林设计的全流程包括前期工作、初步方案设计、方案评审、扩初设计、扩初设计评审、施工图设计和施工配合 7 个环节，涵盖了从业主策划研究、提出园林设计任务书到设计深化完成并交付、施工单位进行施工的全过程。

园林设计流程随着园林绿地类型的不同而繁简不一。园林设计的工作范围可包括庭院、宅园、小游园、花园、公园，以及城市街区、机关单位、厂矿、校园、医院、宾馆饭店等。园林设计首先要考虑绿地的功能，以符合使用者的期望与要求；其次要对该地区特性做充分的了解，选择适当的环境，做出恰当的规划。

6.1.2.1 前期工作

主要内容：接受设计任务、基地实地踏勘、收集有关资料等。

作为一个园林绿地建设项目的业主（俗称"甲方"），往往会邀请一家或几家设计单位进行该项目的方案设计。

作为设计方（俗称"乙方"），在与业主初步接触时，要了解整个项目的概况，包括建设规模、投资规模、可持续发展等方面，特别要了解业主对这个项目的总体框架方向和基本实施内容。总体框架方向确定了该项目的绿地是什么性质，基本实施内容确定了绿地的服务对象。这两点把握好了，规划总原则就可以正确制定了。

另外，业主会选派熟悉基地情况的人员陪同设计方至基地现场踏勘（图 6-1），收集规划设计前必须掌握的原始资料。这些资料包括：所处地区的气候条件，如气温、光照、季风风向、水文、地质土壤（酸碱性、地下水位）等；周围环境，如主要道路、车流、人流方向等；基地内环境，如湖泊、河流、水渠分布状况，各处地形标高、走向等。

设计方结合业主提供的基地现状图（又称为"红线图"）对基地进行总体了解，对较大的影响因素做到心中有底，今后做总体构思时，针对不利因素加以克服和避让，对有利因素充分地合理利用。此外，还要在总体和一些特殊的基地地块内进行摄影，将实地的现状资料带回去，以便加深对基地的感性认识。

图 6-1 现场踏勘

6.1.2.2 初步方案设计

主要内容：初步的总体构思及修改、方案的二次修改、文本的制作包装、业主的信息反馈等。

（1）初步的总体构思及修改

到基地现场收集资料后，必须立即进行整理、归纳，以防遗忘那些较细小却有较大影响因素的环节。

在着手进行总体规划构思之前，必须认真阅读业主提供的设计任务书或设计招标书。充分了解业主对建设项目的各方面要求，包括总体定位性质、内容、投资规模、技术经济相符控制及设计周期等。要特别重视对设计任务书的阅读和理解，"吃透"设计任务书最基本的"精髓"。

在进行总体规划构思时，要将业主提出的项目总体定位做一个构想，并与抽象的文化内涵以及深层的警世寓意相结合，同时必须考虑将设计任务书中的规划内容融合到有形的规划构图中去（图6-2）。

a. 设计语言提取

b. 平面构成

c. 设计平面图

图 6-2　设计元素演绎

模仿是指对自然界的形体不做太大的改变，如某公园中的小溪酷似自然界中的山涧溪流（图6-3）。

抽象是对自然界的精髓加以抽提，再被设计者重新解释并应用于特定的场地。图6-4所示的是位于江边的一个居住区公园项目的设计构思，设计者由荷叶上的露珠联想到它滴落在荷叶上，因荷叶和露珠均蕴含水元素，因此将其抽象变化成沿江景观带，以不同形态的"珠体"诠释"滴落在水岸边的璀璨明珠"这一设计主题，以彰显高端楼盘的景观面貌。

a. 放线

b. 安放模板

c. 完工效果（夏景）

d. 完工效果（冬景）

图 6-3　某公园中的小溪

a. 自然界中的荷叶和露珠

b. 构思草图

图 6-4　居住区公园沿江景观带设计构思

构思草图只是一个初步的规划轮廓，接下去要将草图结合收集到的原始资料进行补充、修改，逐步明确总图中的入口、广场、道路、湖面、绿地、建筑小品、管理用房等各元素的具体位置图（图6-5）。经过这次修改，整个规划在功能上趋于合理，在构图形式上符合园林景观设计的基本原则：从视觉上美观、舒适。

图 6-5　居住区公园沿江景观带初步方案设计平面图

（2）方案的二次修改

初次修改后的规划构思还不是一个完全成熟的方案，此时设计人员应该虚心好学、集思广益，多渠道、多层次、多次听取各方面的建议。不但要向老设计师们请教方案的修改意见，而且还要虚心向中青年设计师们讨教，多听取别人的设计经验，并与之交流，更能提高整个方案的新意与活力。

对于大多数规划方案，甲方在时间要求上往往比较紧迫，因此，设计人员特别要注意两个问题：一是切忌只顾进度，一味求快，最后导致设计内容简单枯燥、无新意，甚至完全搬抄其他方案，图面粗糙，不符合设计任务书要求；二是切忌过多地更改设计方案构思，花过多时间、精力去追求图面的精美包装，而忽视规划方案本身的质量。这里所说的规划方案质量是指规划原则是否正确，立意是否具有新意，构图是否合理、简洁、美观，是否具有可操作性等。

（3）文本的制作包装

整个方案全都定下来后，图文的包装必不可少，且越来越受到业主与设计单位的重视。将规划方案的说明、投资框（估）算和水电设计的一些主要节点汇编成文字部分，将规划平面图、功能分区图、绿化种植图、小品设计图、全景透视图、局部景点透视图汇编成图纸部分。文字部分与图纸部分的结合，就形成一套完整的规划方案文本。

（4）业主的信息反馈

业主拿到方案文本后，一般会在较短时间内给予答复。答复中会提出一些调整意见，包括修改、添删项目内容，投资规模的增减，用地范围的变动等。针对这些反馈信息，设计人员要在短时间内对方案进行调整、修改和补充。

目前各设计单位计算机出图已相当普及，因此局部的平面调整是能较顺利按时完成的。而对于一些较大的变动，或者总体规划方向的大调整，则要花费较长一段时间进行方案调整，甚至推倒重做。

对于业主的信息反馈，设计人员如能认真听取反馈意见，积极主动地完成方案调整，则会赢得业主的信赖，对今后的设计工作能产生积极的推动作用；相反，设计人员如果马马虎虎、敷衍了事，或拖拖拉拉，不按规定日期提交调整方案，则会失去业主的信任，甚至失去这个项目的设计任务。

一般调整方案的工作量没有前面的工作量大，大致需要一张调整后的规划总图和一些必要的方案调整说明、框（估）算调整说明等，但它的作用却很重要，后续的环节都是以调整方案为基础进行的。

6.1.2.3 方案评审

由有关部门组织的专家评审组，会集中一天或几天时间召开专家评审（论证）会。出席会议的人员，除了各方面专家外，还有建设方领导，市、区有关部门的领导，以及项目设计负责人和主要设计人员（图 6-6）。

图 6-6　方案评审会现场

作为设计方，项目负责人一定要结合项目的总体设计情况，在一段有限的时间内，将项目概况、总体设计定位、设计原则、设计内容、技术经济指标、总投资估算等诸多方面内容，向领导和专家们做一个全方位汇报。汇报人必须清楚，自己了解的项目情况，专家们不一定都了解，因此，在某些环节上，要尽量介绍得透彻、直观化，并且一定要具有针对性。在方案评审会上，宜先将设计指导思想和设计原则阐述清楚，然后再介绍设计布局和内容。设计内容的介绍，必须紧密结合先前阐述的设计原则，将设计指导思想及设计原则作为设计布局和设计内容的理论基础，而后者又是前者的具象化体现，两者相辅相成，缺一不可，切不可造成设计原则和设计内容南辕北辙。

方案评审会结束后几天，设计方会收到打印成文的专家组评审意见。设计负责人必须认真阅读，对每条意见都应有一个明确答复，对于特别有意义的专家意见，要积极听取，并立即落实到方案修改稿中。

6.1.2.4 扩初设计

设计者结合专家组方案评审意见，进行深入一步的扩大初步设计（简称"扩初设计"）。在扩初文本中，应该有更详细、更深入的总体规划平面图、总体竖向设计平面图、

254 园林设计初步

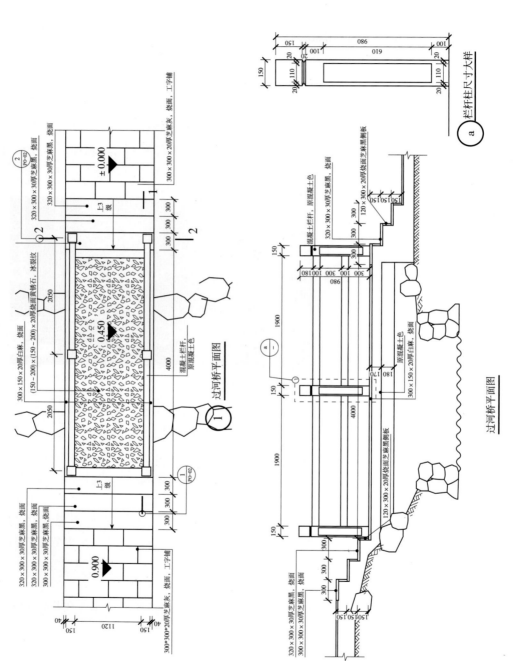

图 6-7 过河桥详图

总体绿化设计平面图、建筑小品的详图（图6-7）。在地形特别复杂的地段，应该绘制详细的剖面图。在剖面图中，必须标明几个主要空间地面的标高（路面标高、地坪标高、室内地坪标高）、湖面标高（水面标高、池底标高）。

在扩初文本中，还应该有详细的水、电气设计说明，如有较大用电、用水设施，要绘制给排水平面图、电气设计平面图。

6.1.2.5　扩初设计评审

在扩初设计评审会上，专家们的意见不会像方案评审会那样分散，而是比较集中，也更有针对性。设计负责人的发言要言简意赅，重点突出。根据方案评审会上专家们的意见，要介绍扩初文本中修改过的内容和措施。未能修改的意见，要充分说明理由，争取能得到专家评委们的理解。

在方案评审会和扩初设计评审会上，如条件允许，设计方应尽可能运用多媒体技术进行讲解，这样能使整个方案的规划理念和精细的局部设计效果完美结合，使设计方案更形象，更具有表现力。

一般情况下，经过方案评审会和扩初设计评审会后，总体规划平面图和具体设计内容都能顺利通过评审，这就为施工图设计打下了良好的基础。总的来说，扩初设计越详细，施工图设计越省力。

6.1.2.6　施工图设计

（1）基地的再次踏勘

基地的再次踏勘与前期基地踏查至少有3点不同：一是参加人员范围的扩大。前一次的参加人员是设计项目负责人和主要设计人，这一次必须增加建筑、结构、水、电气等各专业的设计人员。二是踏勘的深度不同。前一次是粗勘，这一次是精勘。三是掌握变化了的基地情况。前一次与这一次踏勘相隔较长一段时间，现场情况必定有了变化，必须找出对今后设计影响较大的变化因素，加以研究，然后调整之后的施工图设计。

（2）施工图的设计

目前，很多大工程如市、区重点工程，施工周期都相当紧。往往先确定最后竣工期，然后从后向前倒排施工进度。这就要求设计人员打破常规的出图程序，实行"先要先出图"的出图方式。一般来讲，在大型园林景观绿地的施工图设计中，施工方急需的图纸是：总平面放样定位图（俗称方格网图）；竖向设计图（俗称土方地形图）；一些主要的大剖面图；土方平衡表（包含总进、出土方量）；水的总体上水、下水、管网布置图，主要材料表；电气的总平面布置图、系统图等。

同时，这些较早完成的图纸要做到两个结合：一是各专业图纸之间要相互一致，自圆其说；二是每种专业图纸与今后陆续完成的图纸之间要有准确的衔接和连续关系。总的来说，每一种专业图纸各自有特点，在此处不再赘述。

完成急需的图纸后，紧接着要进行各个单体建筑小品的设计，其中包括建筑、结构、水、电气的各专业施工图设计。

（3）施工图预算编制

严格来讲，施工图预算编制并不算是设计步骤之一，但它与工程项目本身有着千丝万缕的联系。施工图预算是以扩初设计中的概算为基础的。该预算涵盖了施工图中所有设计项目的工程费用。其中包括：土方地形工程总造价，建筑小品工程总造价，道路、广场工程总造价，绿化工程总造价，水、电气安装工程总造价等。

6.1.2.7 施工配合

（1）施工图的交底

业主拿到施工设计图纸后，会联系监理方、施工方对施工图进行看图和读图。看图属于总体上的把握，读图属于对具体设计节点、详图的理解。

之后，由业主牵头，组织设计方、监理方、施工方参与施工图设计交底会。在交底会上，业主、监理、施工各方提出看图后所发现的各专业的问题，各专业设计人员将对口进行答疑。一般情况下，业主方的问题多涉及总体上的协调、衔接，监理方、施工方的问题常提及设计节点、大样的具体实施，各方侧重点不同。由于上述三方是有备而来，并且有些问题往往是施工中的关键节点，因此，设计方在交底会前要充分准备，会上要尽量结合设计图纸当场答复，现场不能回答的，应在回去考虑后尽快做出答复。

（2）设计师的施工配合

设计师的施工配合工作往往会被人们所忽略。其实，这一环节对设计师、对工程项目本身恰恰是相当重要的。

设计方应于以下情况下派设计师赴发包人所在地进行施工配合：一是协助发包人挑选或审查适合执行本工程的承建商。在招标进行期间，提供需要的设计意向、施工图例和规范说明。二是视察苗圃，监管承建商预备种植物料。配合发包人往工地现场监督，查核本工程建造文件上所示的物料，并直接监督种植树木的种类及种植土堆填工程。三是协助发包人检查承建商的施工进度，并就发包人付款情况提出建议。四是配合发包人提供工地督导，包括种植初期的保养视察与最后的工程验收，以确保工程按图纸施工。五是协助发包人解决由一些意外因素引起的硬景和软景的技术性问题。六是工程施工最后阶段，协助发包人完成工程遗漏清单，此清单上的内容需要在工程整体完成后至发包人最终检查验收前进行修正。七是参加工程竣工验收。八是除派设计师到现场进行技术指导外，设计方应随时根据发包人的要求，以 E-mail 或传真的方式就发包人提出的问题进行解答。

【实践教学】

实训 6-1　园林设计各个阶段要完成的图纸内容分析

一、目的

运用所学知识，根据某商业广场屋顶花园园林设计任务要求，分析其在初步方案设计、扩初设计和施工图设计3个阶段应完成的图纸内容，加深对所学内容的理解。

二、材料及用具

计算机、互联网。

三、方法及步骤

1. 仔细分析某商业广场屋顶花园园林设计任务要求，领会任务实施要点

某商业广场屋顶花园园林设计任务要求：把"玉文化"融于设计中，营造具有特殊文化理念的特色景观和生活空间；营造生动、丰富的主题景观；对于屋顶花园，不只要求动人的景观效果，同时注重空间的功用要求，特别是针对老、少人群；打造整体性的景观；重视中庭的鸟瞰效果，同时要注意周边与屋顶花园的视线关系；把屋顶连廊一起考虑，以便景观的协调统一；对于屋顶花园，请注意荷载、防水、排水等方面的问题。

2. 查找关于园林设计在初步方案设计、扩初设计和施工图设计3个阶段设计内容的资料

3. 解决下列问题，编制分析报告

（1）初步方案设计：在这个环节，要把精彩纷呈的设计理念展现出来。图纸的主要内容有哪些？

（2）扩初设计：在这个环节，要在初步方案设计的基础上，结合甲方的意见加以调整，初步确定尺寸、材料。图纸的主要内容有哪些？

（3）施工图设计：在这个环节，要全面细致地将设计意图表达出来，力求能达到最佳效果，让甲方满意。图纸的主要内容有哪些？

四、成果

某商业广场屋顶花园园林设计在初步方案设计、扩初设计和施工图设计3个阶段应该要完成的图纸内容分析报告1份。

6.2 园林设计方案构思

方案构思是带有整体和全局观的设想，包括方案主题思想的确立、方案提纲挈领的框架、理性的逻辑和感性的形象思维的切入点等。在创作实践中，设计方案是多种多样的。针对不同的环境与设计对象，不同的设计者会采取不同的方法与对策，因而形成不同的设计结果。

6.2.1 园林设计的构思

（1）从具体到抽象

园林设计千变万化，且各具特色。在设计过程中，设计者必须擅于简化问题，提炼事物的本质，以探讨其内在的规律和相互关系。通常可采取提炼、简化、精选、比较等方法

进行。这样，可使设计中的问题由繁变简，关系明了，重点突出，从而有助于设计者对设计中的关键、重要问题进行充分的研究。

（2）从整体到局部

在设计之初，设计者应对方案总的发展方向有一个明确的基本构思，这个构思的好坏对整个设计的成败有着极大的影响。特别是在一些复杂的设计中，面临的矛盾和影响因素很多，如果一开始就有一个总的设计意图，那么，不仅可以主动地掌握全局，协调各部分的关系，而且也较易克服局部的缺点。相反，如果一开始就在大方向上失策，则很难在后面的局部措施上加以补救，甚至会造成整个设计的返工和失败。因此，设计工作应加强整体意识，注重基本构思，在整体的控制下，由大及小，由粗到细，逐步深入发展下去，这样才能保证设计工作始终不偏离方向。

（3）从平面到立面

园林绿地的设计意图、功能要求和艺术效果等在园林平面图中反映得最为具体，如功能分区、道路系统以及各景区、景点、景物之间的联系等，这些都是规划设计中将要遇到和需要解决的问题。因此，把主要力量放在对总平面图的研究上，放在多方案的探讨上，是很明智的做法，至于立面图、透视图等，它们只是平面图的一种补充和说明，不应花太多的时间和精力。

（4）从功能到景观

任何设计都要能同时满足功能和审美（美感）的要求，园林设计也是如此。由于园林绿地是一种特殊的"产品"，其功能要求就显得更为重要。因此，绿地的功能是否实用合理，不仅是设计者所要考虑的问题，也是人们评审方案的一个客观标准。只有当功能的合理与艺术的和谐相统一时，设计才是完美的。

总之，在设计过程中，上述四个方面互相穿插、互相渗透、彼此影响，共同作用于整个设计过程。

6.2.2 建筑设计的构思

（1）先功能后形式，从功能需求入手

先功能后形式是以平面设计为起点，重点研究功能的需求，当确定比较完善的平面关系之后再转化为立体与空间的形态。它的优势在于：其一，由于功能要求具体明确，从功能平面入手易于操作。其二，因为满足功能需求是方案成立的首要条件，从平面入手优先考虑功能势必有利于尽快确立方案，提高设计效率。先功能后形式的不足之处在于：立体与空间形象处于滞后与被动的状态，可能会制约形态设计的创造性发挥。

更圆满、更合理、更富有新意地满足功能需求一直是设计师所梦寐以求的，在具体设计实践中它往往是进行方案构思的主要突破口之一。

（2）先形式后功能，从造型与环境入手

先形式后功能则多从造型入手进行方案的设计构思，重点研究空间与造型，当确定一个比较满意的形体关系之后，再反过来填充完善功能，并对造型进行相应的调整。先形式后功能的优点是：设计者可以与功能等限定条件保持一定的距离，有利于发挥想象力与创造力，创造出新颖的空间形态。其缺点是：后期的"填充"、调整有较大的难度。对于功能复杂的大型项目会事倍功半，甚至无功而返。相对而言，这种方法更适合于规模小、造型要求高的类型，但是富有个性特点的环境因素，如地质地貌、景观朝向以及道路交通等均可成为方案构思的启发点和切入点。

上述两种方法是相辅相成的关系，往往在设计中形成不断的转换与融合。有经验的设计师从形式切入时，时常会以功能调节形式；而首先着手于平面功能的研究时，又会及时迅速地构思想象中的造型效果，应该在两种方式的交替探索中寻找到一条完美的途径。

6.2.3 方案构思中应注意的问题

（1）注重设计修养的培养

一名优秀的设计师除了需要具备渊博的知识和丰富的方法经验外，设计师本身的修养也是十分重要的。设计观念境界的高低、设计方向的对错，无不取决于自身修养和功底的深浅。

因此，平时应注意培养向他人学习的习惯，以此积累相关的专业知识；培养不断总结的习惯，通过不断总结已完成的设计过程，达到认识、提高、再认识的目的。

（2）注重正确工作作风和构思习惯的培养

一种好的工作作风和构思习惯对方案构思是十分重要的。应该养成一旦进行设计就全身心地投入并坚持下去的作风，避免部分投入并断断续续的不良习惯。养成脑手配合、思维与图形表达并进的构思方式。在构思过程中，随时随地如实地把思维阶段的成果用图形表达出来，不仅可以有助于理清思路，把思维顺利引向深入，而且图形的表达能及时验证思维成果，矫正构思方向，加速构思完成。

（3）学会通过观摩、交流提高设计水平

对初学者而言，同学间的相互交流和对设计名作的适当模仿是提高设计水平的有效方法之一。

同学间的互评交流有利于取长补短，逐步提高设计观念，改进设计方法，还有利于相互启发，学会更全面、更真实地认识问题。

名作所体现的设计方法、观念比一般的作品有着更为深入、正确的认识，它更接近于人们对园林设计的理性认识，是初学者学习模仿的最佳选择。在学习过程中，必须在理解的基础上，尽可能地多研究一些背景性、评论性资料，真正做到既知其然，又知其所以然。

（4）注意进度安排的计划性和科学性

在确定方案后又推倒重来是在课程设计中常出现的问题，势必会影响到下一阶段任务完成的质量与进度，因而是不可取的。方案构思固然十分重要，但并不是方案设计的全部。为了确保方案设计的质量和水平，必须科学合理地安排各个阶段的时间进度。

6.2.4 方案构思案例分析

6.2.4.1 任务目标

通过完成别墅庭院园林设计方案构思，了解设计过程中方案构思的功能及组成部分，掌握方案构思的方法。

6.2.4.2 设计实践操作

（1）空间

这个阶段包括粗略勾画想法和构思，所用的材料有描图纸、软铅笔（HB或2B）。在设计的初始阶段，这些草图有助于设计师组织想法，形成设计思路。有时设计师也会将方案构思作为对成图进行分析和论述的依据，一同展示给客户。

方案构思常用泡泡图来表达，这种图可帮助设计者进行思考，快速地记下在脑海中闪过的灵感，它将抽象的概念以图面的形式表现出来，并利用文字加以标注、说明。此外，利用泡泡图还可以修改最初的方案设想，使方案趋于完善。在方案设计中，用泡泡来填充场地的全部空间，一个泡泡代表一个分区，这样也可以避免遗漏某些区域（图6-8）。

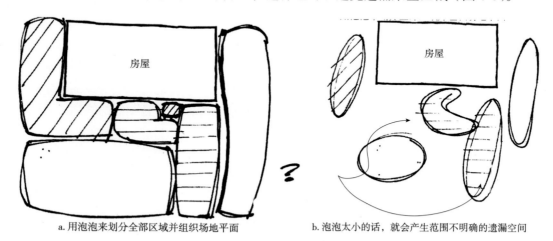

a. 用泡泡来划分全部区域并组织场地平面　　b. 泡泡太小的话，就会产生范围不明确的遗漏空间

图6-8　方案构思和泡泡图

（2）分析

随着设计过程的逐渐展开，其每一步骤将更为清晰具体。方案构思实质上是基础而粗略的，它用各种形状的泡泡在平面图上确定分区。方案构思应注重整体性，不可拘泥于植

物或硬质景观的细节,而且要随意,不要怕犯错误,这样才能不断地提出新的设计思路。

合理的分析应侧重于3个方面:一是设计要求满足的程度。是否满足设计的基本要求是鉴别一个方案的基本标准。如是否表达了立意、内容是否全面、功能是否合理等。方案构思再独到,若没有解决基本要求,绝不可能成为好的设计。二是个性是否突出。个性是指风格的独特、手法的新颖,而不是简单地模仿现成的作品。好的作品具有鲜明的个性,具有吸引与打动观众的创新点。三是修改调整的可能性。任何方案都会有某些缺点与不足,应该能够进行可塑性的修改与调整。而内容上与立意若存在矛盾,形式上欠缺美感,则失去了存在的价值,无从比较可言。

方案构思中应体现出分析结果,因为方案构思恰是建立在分析基础之上的。实际上,有些设计师会将描图纸置于分析图上来绘制方案构思。合理的空间组织应充分利用分析所得出的优势,避开劣势(图6-9)。

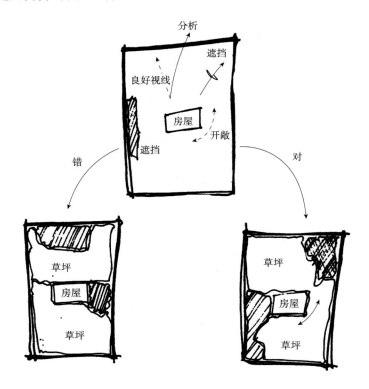

图 6-9 构思和分析

注:方案构思应强调分析结果,否则的话,方案构思及最终设计的实用性就会大打折扣。

(3)活动区与材料

用泡泡将草图划分为各种活动区,并采用相应的材料加以区分(图6-10)。以下列出了基本分区,其中的各项可以根据实际情况任意进行组合。当然,设计师应根据客户的需

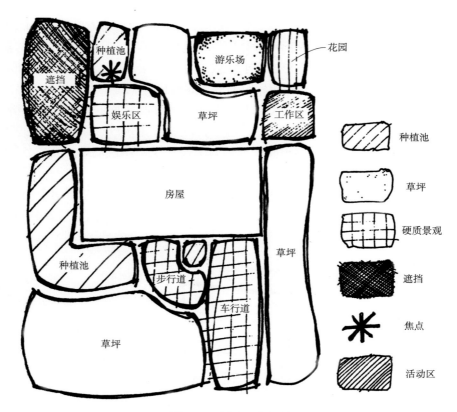

图 6-10 活动区和材料

注：方案构思或平面图上的每个泡泡都代表着不同的功能区域。

求来选择和安排方案构思中的泡泡所在。

①种植池　此区域既可以概括地称为种植区、带有覆盖物的种植池，也可以详细描述为栽有低矮灌木、绿篱及落叶大乔木的区域。

②草坪　草坪的成本低廉，而且适用于许多活动，因此大多数设计都将其作为一个设计的重要的组成部分。

③硬质景观　指硬质铺装的表面，如车行道、人行道、天井或露台等。

④遮挡区　用来遮挡不悦目的东西或能够遮阳挡风的区域。

⑤焦点　指视线的焦点景观。

⑥活动区　为不同活动划分的区域，包括花园/菜园、工作区、用餐区、运动区、休闲区、娱乐区等。

（4）构思

构思是形象思维，在立意理念思想的指导下，创造具体的形态，成为从物质需求到思想理念再到物质形象的质的转变。泡泡在方案构思中除了可以表示活动区及相应的材料之外,还能够表示出它们的大小、位置以及交通流线、视线和露天区域。

①大小 方案构思中的泡泡图形一般只需粗略勾画即可,但应与每个确定区域的大小相近。各个区域的大小通常根据客户的需求而定。

娱乐区:娱乐区的面积根据其功能而定(图6-11)。如果客户要举办大型的聚会,那么娱乐区域的面积就需要几十平方米;但若只供家庭休憩,那么其面积可能只要20m² 左右。

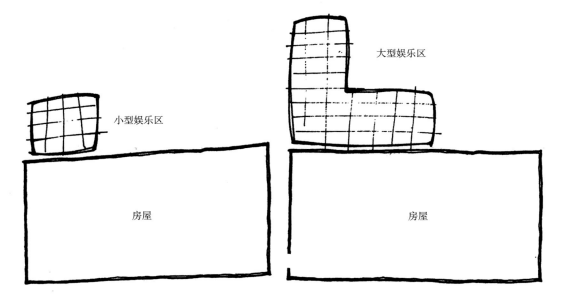

图 6-11 娱乐区的大小

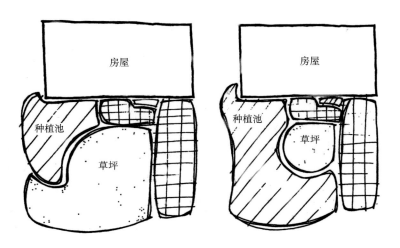

图 6-12 草坪和种植池的面积

注:用来表示草坪和种植池的泡泡大小取决于草坪的修剪程度,以及在其上所进行的活动(草皮——娱乐用,种植池——种植用)。

草坪和种植池：草坪和种植池的面积根据客户喜好而定。有些住户喜欢大面积的草坪，其他人则偏爱栽有乔木、灌木和花卉的种植空间（图 6-12）。在夏季，草坪每周都需要修剪，种植池则需要覆土、除草和时常整修。种植池在初建时的维护费用较高，但若设计合理，待乔木、灌木和地被植物长大至覆盖杂草以后，随着种植池对覆盖物需要的减少，用于维护的总体费用最终也会减少。

入口小路和其他通道：主要人行道，一般是指通往前门的入口小路，其宽度不应小于 1.2m（图 6-13）。交通流量较小的次要步道宽度可为 0.6 ~ 0.9m。

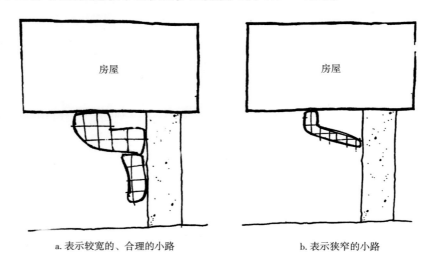

a. 表示较宽的、合理的小路　　　b. 表示狭窄的小路

图 6-13　入口的大小

注：泡泡的大小应近似等于入口小路的尺寸。

②位置　泡泡应填充场地上的所有空间，同时应根据场地的情况和活动的内容来合理确定相应分区的位置。烹饪区应靠近厨房，花园则应设于水源附近，以便于灌溉，其所在区域还应具有充足的阳光。工作区应位于车库附近，并且要有电源。

连通性：要确保各个活动区之间的交通顺畅无阻（图 6-14）。

可见性：根据遮蔽的情况来确定分区。游乐场应处于明显的位置，以便家长照看孩子（图 6-15）；贮藏区应容易到达，但不应设在人们的视线范围之内。

③交通流线　方案构思应体现出在分析中确定的交通流线。场地上合理的交通流线有利于通行，而且可以保证安全（图 6-16）。

主要交通流线：主要交通流线与主要道路有关。在许多情况下，通向前门的小路是最常见也是最重要的，因为它是方便步行者从街道或车行道抵达前门的通道。这些小路的最小宽度应为 1.2m，以保证 2 人并排行走。

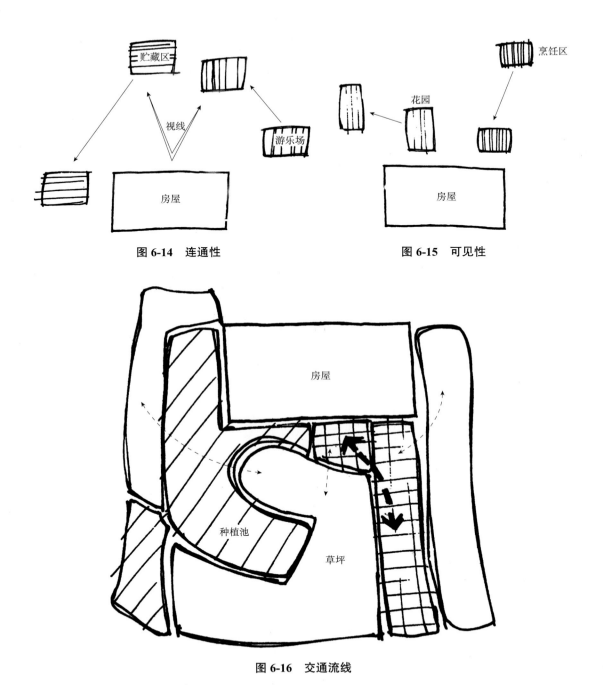

图 6-14　连通性　　　　　　　　　　图 6-15　可见性

图 6-16　交通流线

注：研究交通流动规律，按顺序安排泡泡的位置。粗箭头表示主要交通流线，细箭头表示次要交通流线。

次要交通流线：次要道路上的交通流量很少，一般只在某个特定时间内有一两个人行走。从房屋正面或侧面通向后院的道路是最常见的次要通道，其他通道包括环工作区和娱乐区的道路。

④视线　方案构思应体现出场地上经分析后的各种视线，包括现有视线（良好视线和不佳视线）和潜在视线（图6-17）。

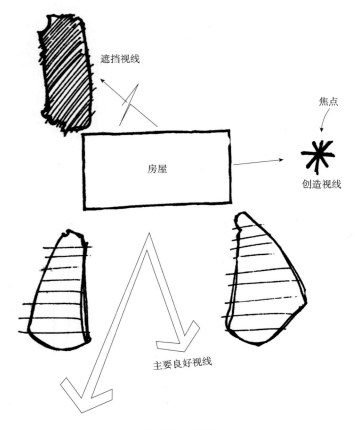

图6-17　视线

注：方案构思应体现出分析中的视线。折箭头表示需要遮挡的视线，星号代表焦点景观，粗箭头表示主要景观。

良好视线：现有的优美景观应予以保留，通常可用开敞或框景的形式加以强调。

不佳视线：种植植物或设置栅栏可以遮挡不悦目的物体，如垃圾箱、贮藏区或道路等。方案构思应将这些区域遮挡于来自娱乐区等地的公众视线之外。

潜在视线：某些区域内（如娱乐区）几乎没有任何富有趣味性的景观，为了使这些区域更加吸引人，可以塑造水景、雕塑等焦点景观，或建造蝴蝶园之类的主题园林。

⑤露天区域　场地的某些区域需要抵御不利的自然因素的侵袭（图6-18）。

出于节能考虑，方案构思应考虑遮阳、挡风等因素。

遮阳：为娱乐区或房屋的西南侧遮阳降温。

挡风：若风力过大，要在娱乐区或房屋的西北侧设置风障。

围合：为娱乐区或其他如前门之类的聚集区制造围合感，以使人感觉更舒适。

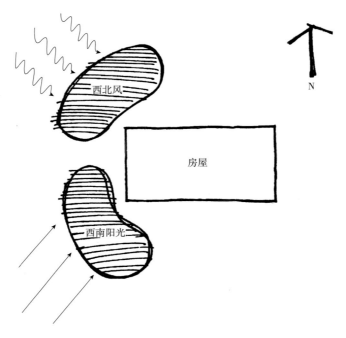

图 6-18　露天区域

（5）构思比较（图 6-19）

对于园林景观设计而言，认识和解决问题的方式是多样的、相对的和不确定的。这是由于影响设计的客观因素众多，在认识和对待这些因素时设计者的任何偏移都会导致不同的结果，其中没有简单的对与错，没有绝对意义的优与劣，而只有通过多种方案的分析、比较，选择相对意义上的最佳方案。经过在现场与客户的短暂交谈之后，大多数设计师很快就能意识到需要解决的设计问题所在。多年的工作经验使得直觉演变为一种设计法。很多设计师会将其对现场的第一印象作为解决办法。然而，方案构思可以发掘出那些由于设计师受第一印象主宰而没有深入考虑的想法。2～3个方案构思完成后，设计师就会找到其他新鲜、生动的创意，并使之与最初的想法相融合。

第一印象并非不好，但它有可能阻碍其他创意的产生。对问题缺乏深入探索的结果就是，设计方案看起来千篇一律。因此，不要过于依赖第一印象，这会导致不愿去探究其他的方法。在两个极其相似的方案构思中，也许唯一的不同就是其中一个的草坪面积稍小。有些设计者会决定重新设计，直到最终拿出另一个自己满意的、完全不同的设计方案。这时他们就会为这些独一无二、前所未有的解决方法而欣喜若狂。

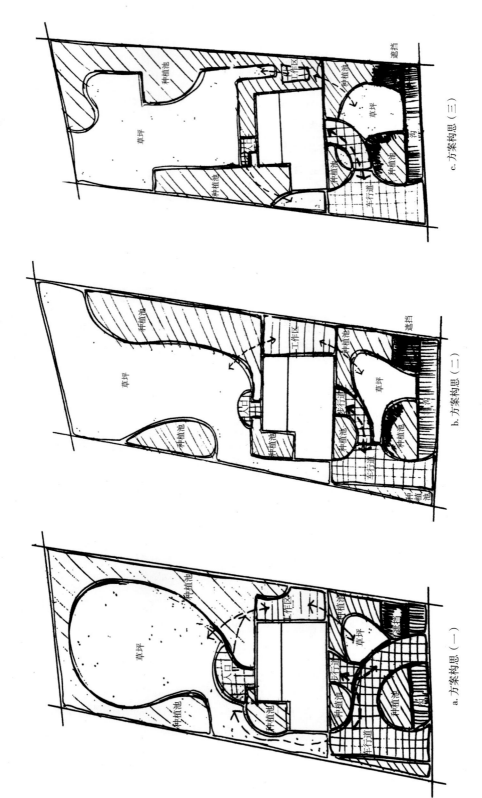

图 6-19 格兰特家住宅的方案构思。

注：3 种不同的方案构思，强调了对格兰特家住宅的不同分析。

6.2.4.3 任务小结

方案构思有时也称为泡泡图或功能分析图，能够组织场地平面，从而为设计构建框架。为了实现设计的功能化，方案构思强调了分析的重要性。可以用各种形状的泡泡来划分活动区或指明材料，这些将在以后的设计过程中逐渐细化。这些泡泡将填充平面图上的所有空间。用来组织场地平面的泡泡大小、位置取决于各个区域的功能，以及连通性和可见性。为了得出富于创造性且功能合理的解决办法，许多方案构思都会强调分析的内容，这样就会很快形成新的、不同的想法。有时设计师也会将方案构思作为总体设计的补充向客户进行展示。

【实践教学】

实训 6-2　园林设计方案构思

一、目的

教师选择一块街头绿地或校园内某一景点，引导、启发学生展开充分的想象，利用所学的方案构思方法，完成至少两组不同的园林设计方案构思，从而掌握园林设计方案构思的方法及步骤，为后续的园林规划设计课程学习打下基础。

二、材料及用具

描图纸、A3 绘图纸、铅笔、钢笔。

三、方法及步骤

1. 分析

合理的分析应侧重于 3 个方面：

（1）比较设计要求满足的程度。

（2）比较个性是否突出。

（3）比较修改调整的可能性。

2. 空间区划

包括粗略勾画想法和构思。用泡泡将草图划分为各种活动区，一个泡泡代表一个分区，这样也可以避免遗漏某些区域。

3. 方案比较

通过多种方案的分析、比较，选择相对意义上的最佳方案。

四、成果

同一块街头绿地或校园内某一景点至少两幅不同的园林设计方案构思图（A3 图幅）。

【小结】

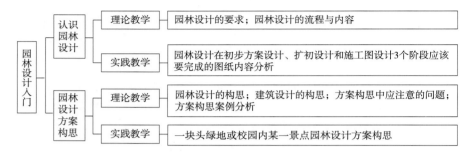

【自主学习资源库】

1. 唐学山，石宏义．2006．园林设计初步．中国林业出版社．
2. 田学哲．1999．建筑初步．中国建筑出版社．
3. T.贝儿托斯基．闫红伟，李俊英，王蕾，译．2006．园林设计初步．化学工业出版社．
4. 黄东兵．2012．园林绿地规划设计．高等教育出版社．
5. http：//www.chla.com.cn/（中国风景园林网）

【自测题】

1. 名词解释

现场踏勘、红线图、构思草图、扩初设计、施工图设计、施工图交底、方案构思、泡泡图。

2. 简答题

（1）园林设计师的使命是什么？
（2）园林设计师有哪些必备的专业素养？
（3）优秀的园林设计来源有哪些？
（4）扩初设计包括哪些主要内容？
（5）施工图设计包括哪些主要内容？
（6）作为设计方，方案评审时如何进行初步方案汇报？
（7）建筑设计的构思从哪些方面入手？
（8）方案构思中应注意的问题是什么？
（9）简述园林设计方案的构思方式。
（10）方案构思的合理分析侧重于哪些方面？

3. 综合分析题

（1）综合分析园林设计的流程与内容。
（2）综合分析初步方案设计与扩初设计的联系和区别。

参考文献

陈玲，2012. 立体构成 [M]. 武汉：华中科技大学出版社.

陈祺，衣学慧，翟小平，2014. 中国古典园微缩园林与沙盘模型制作 [M]. 北京：化学工业出版社.

陈伟，黄璐，田秀玲，2002. 园林构成要素实例解析——植物 [M]. 沈阳：辽宁科学技术出版社.

董晓华，2013. 园林植物配置与造景 [M]. 北京：中国建筑工业出版社.

葛书红，宋涛，哈斯巴根，2013. 景观设计基础 [M]. 西安：西安交通大学出版社.

宫晓滨，2015. 园林素描 [M]. 北京：中国林业出版社.

谷康，许英，李晓颖，等，2003. 园林设计初步 [M]. 南京：东南大学出版社.

郭红蕾，阳虹，师嘉，等，2007. 建筑模型制作：建筑、园林、展示模型制作实例 [M]. 北京：中国建筑工业出版社.

黄东兵，2003. 园林规划设计 [M]. 北京：中国商业出版社.

黄东兵，2012. 园林绿地规划设计 [M]. 北京：高等教育出版社.

李耀健，李高峰，2014. 园林制图 [M]. 北京：中国林业出版社.

李耀健，2013. 园林植物景观设计 [M]. 北京：科学出版社.

李玉平，2017. 城市园林景观设计 [M]. 北京：中国电力出版社.

林泰碧，陈兴，2012. 中外园林史 [M]. 成都：四川美术出版社.

刘磊，2014. 园林设计初步 [M]. 重庆：重庆大学出版社.

刘素平，李征，2015. 平面构成 [M]. 武汉：华中科技大学出版社.

毛颖，2015. 城市景观系部设计实例——休憩空间景观设计 [M]. 北京：化学工业出版社.

彭一刚，1986. 中国古典园林分析 [M]. 北京：中国建材工业出版社.

石宏义，2006. 园林设计初步 [M]. 北京：中国林业出版社.

唐建，2012. 景观手绘速训 [M]. 北京：中国水利水电出版社.

田建林，张柏，2012. 园林景观地形铺装·路桥设计施工手册 [M]. 北京：中国林业出版社.

田治国，2015. 园林设计初步 [M]. 镇江：江苏大学出版社.

王晓俊，2011. 园林艺术原理 [M]. 北京：中国农业出版社.

王忠恒，2017. 平面构成 [M]. 北京：清华大学出版社.

应立国，束晨阳，2002. 城市景观元素——国外城市植物景观 [M]. 北京：中国建筑工业出版社.

余树勋，2006．园林美与园林艺术 [M]．北京：中国建筑工业出版社．
翟艳，赵倩，2015．景观空间分析 [M]．北京：中国建筑工业出版社．
张大为，2016．景观设计 [M]．北京：人民邮电出版社．
张吉祥，2001．园林植物种植设计 [M]．北京：中国建筑工业出版社．
张青萍，2010．园林建筑设计：从概念到形式 [M]．南京：东南大学出版社．
赵建民，任有华，2006．园林规划设计 [M]．北京：中国农业出版社．
赵建民，2007．园林设计初步 [M]．北京：中国农业出版社．
中国建筑学会，2002．城市环境设计 [M]．沈阳：辽宁科学技术出版社．
周冰，2011．色彩构成 [M]．西安：西安交通大学出版社．
周维权，2008．中外古典园林史 [M]．北京：清华大学出版社．
朱红霞，2013．园林植物景观设计 [M]．北京：中国林业出版社．
里德，2010．园林景观设计：从概念到形式 [M]．郑淮兵，译．北京：中国建筑工业出版社．
计成，2010．园冶图说 [M]．济南：山东画报出版社．
T.贝儿托斯基，2006．园林设计初步 [M]．闫红伟，李俊英，王蕾，译．北京：化学工业出版社．